娜娜妈

手工皂
精油调香
研究室

娜娜妈 | Aroma　著

河南科学技术出版社
·郑州·

一块皂是一颗种子，
会进行善的循环，将爱扩散

————

原本只是想改善家人的肌肤问题，而一头栽进手工皂的世界里，转眼间十多年过去了，手工皂变成了我事业与生活的重心。因为授课分享，成为大家口中的"老师"；也因为出了几本皂书，成为"作者"，即使身份偶尔会有所转换，但都脱离不了皂本身。一有时间，我还是做我一开始就在做的事：打皂、研究配方、试做皂款等，这些基本功是我可以延伸角色的养分，和大家一样，在手工皂的世界里，我依然在不断地摸索与练习。

许多人会觉得娜娜妈将手工皂事业经营得有声有色，似乎成功得很理所当然，也许因为我常与大家分享鼓励打气的话，较少说出过往的艰辛历程，让人误以为这一路走来顺遂无碍。不过只有我和一路在我身边相伴的家人才知道，这一切其实并不容易。创业初期曾经付不出房租，把结婚的金子都拿去卖掉（好像电视剧一样）；没有订单时，要能够沉住气等待；订单来时，要承受赶工交件的压力。不过也因为走过这些路，我才更加懂得感谢与谦卑。

我曾想，一块皂能做到怎么样的程度？一块皂的意义可以有多广？一块皂可以帮助多少人？随着皂友的回馈，答案似乎也越来越清晰。我看到手工皂好像一颗颗种子，可以不断地传播并进行善的循环。有皂友分享了用自己做的皂帮小宝宝、宠物清洁的感动；靠着手工皂二度就业的妈妈重新找到了自己；还有广东佛山启智学校的老师，教学生做皂、义卖，帮助这群小朋友到香港迪士尼圆梦……这些故事，好多好多，也是让我继续推广手工皂的动力之一！

在手工皂的世界越久，就越会发现还有很多值得研究与探索的事情，像是"香气"。大部分人一拿到手工皂，第一个动作就是拿起来闻一闻，也很在意洗的时候味道是否好闻、持久。为什么调了很香的精油，入皂就不香了？为什么用了不同的配方，味道闻起来却差不多？为什么市面上找不到可以参考的调香书呢？关于那些大家不清楚、想知道的答案，娜娜妈很乐意与大家一同寻找，很高兴找到了同样愿意无私分享的专业调香师 Aroma，一同写下我的第七本书，也献给这一路上一同努力的皂友们！有任何问题，娜娜妈都会与大家一同寻找答案！

娜娜妈

知识、实用兼具，第一本专为手工皂设计的调香书

————

与娜娜妈相识多年，缘于香氛。娜娜妈有资深的手工皂教学与制皂经验，并深知皂友对使用精油或其他各种香氛产品的疑惑等各种问题。我们在多次的交流中，发现手工皂调香与芳香疗法调香是多么的不同，于是我们有了一个共同的念头，想要写一本手工皂的调香书。

看似单纯的想法，执行起来却相当不容易。由于国内外目前市面上均没有针对手工皂的调香书，一切几乎从零开始，包括筛选合适的原料、入皂实验、调制成香氛复方再入皂的反复实验。

光是筛选合适的原料，初步罗列出的精油即有150多种，再加上300多种基本的单体，刚开始制成的皂叠起来好比一座山。在上百次实验后，我们归纳、筛选出书中约70种香料。原料的筛选从环保性、安全性、方便取得与否、CP值高否到价格合宜否等，均在挑选评估内。

实验的过程也打破我过去所学的许多观念，比如，调香师在调制香氛产品时，会考虑作为基底的香氛的pH值，刚开始筛选单体原料时，我理所当然地优先实验的都是耐碱的单体，但最终结果

与我所预测的却相反，并不是耐碱的单体表现就好，甚至有些所谓大分子、低音、底调的原料，表现得却比高音、小分子的原料差。越是深入，越是发现其中的学问精深，这些所牵扯到的并不是只有挥发度、气味强度的问题，也与成皂本身构造，甚至是接触到水后的乳化现象有相关性。

写书期间很感谢娜娜妈不断地提醒我，别将书写成教科书，要做浅显易懂的解释，让皂友们可以实际应用在做皂中，并解决大家所遇到的问题。

在娜娜妈、编辑欣怡、我，三方不断地来回讨论与修改下，经过好长一段时间，消耗了几百公斤的油、上万元的实验香氛素材，终于付梓成书。

对初学者而言，你可以在此书中找到如何搭配香氛与简单的示范配方；对香味有概念者，书里有进阶配方，甚至适合入皂的香水型配方；想调配属于自己的香气的皂友，通过这本书你可以了解到如何做出从皂体、泡沫到肌肤表现均佳的配方。

希望借由本书解答皂友在手工皂调香上的困惑外，也能澄清大众对天然甚至合成原料根深蒂固的误解。

最后，特别感谢"台湾香菁生技股份有限公司"提供的百款精油与单体，以及在写书期间，全力支持我的台湾香菁生技股份有限公司全体同仁。

Aroma

目 录
CONTENTS

Part 1　手工皂的调香基础

Part 2　适合入皂的香氛精油原料

■ 香氛概念轮 A

Part 3　娜娜妈的香氛造型皂和冷制短时透明皂

手工皂的调香基础

——

手工皂调香与其他调香方式有什么不同?

为什么香水配方不适合用于手工皂?

天然精油不见得好,合成原料不见得不好?

关于香气、关于手工皂,带你进入手工皂的香氛世界。

手工皂调香与其他调香有什么不同？

很多皂友会以为手工皂的调香方式与一般香水相同，但按照香水的调香方式所调制的材料，在入皂之后其香气效果却往往不尽如人意。

不管是参考芳香疗法书中的精油配方还是香水的调香配方，这样的配方直接应用在手工皂中时，就会出现许多问题，诸如：成皂只剩淡淡香气，还会闻到碱味与油味；明明精油配方不同，但成皂气味却都很像；放有定香剂，但是香气效果还是不好……。手工皂调香其实有其特殊性，接下来将告诉大家其中的差异与关键。

手工皂与香水的调香差异

不同基底会带给香气分子不同程度的影响，而且不同调香方式的考量不同，并不适合一味采取将原料分类为高音、中音、低音，再加以调和的方法。

◀ 手工皂应使用专属的调香方式，以香水或芳疗配方调香，无法达到香味效果。

	香水	手工皂
基底原料	酒精	油、水、氢氧化钠
产生的反应	香气分子遇到酒精易产生半缩醛，这样的反应通常不会破坏香气分子的气味；反之，经过熟化的香气会更醇美、好闻	香气分子很容易与基底原料产生反应，这会破坏或改变香气分子的特性，所以味道就会被改变
调香差异	香水的气味强调丰富性、扩散性、持久性，尤其注重吸引人的前调	手工皂注重的是入皂的香气是否能遮盖基底油与碱的味道，以及沐浴时与沐浴后身上所散发的气味

为什么放了定香剂，香气效果还是不好？

很多皂友以为，放了定香剂的香精或精油（例如广藿香、安息香、檀香），就可以带来持久、浓郁的香气。其实手工皂调香，定香并不是重点，即使放了定香剂，也不代表晾皂熟成后，香气依然明显。掌握以下两个重点，就能让你的皂即使不放定香剂，香气依然持久：

1. 优先选择气味强烈的精油作为调香配方的原料。气味强烈的精油，例如丁香、肉桂、香茅、伊兰、薄荷等。可以参考本书 p.169 所列出的精油原料入皂后气味评比，优先选择皂体表面气味评分 4 ~ 8 的精油。

2. 超过三种精油的配方，请将精油均匀混合后装于精油瓶中陈香两个星期再使用，绝对不可以现调现用。

香气分子入皂后
会产生什么变化？

想要了解香气分子在入皂后发生的变化，需先了解皂的制作过程。皂如以制作方法来区分，主要可分为以下三类：

1. **熔化再制皂**

俗称 MP（Melt & Pour）皂，将皂基加热熔化后加入香氛，再入模塑型。

2. **冷制皂和热制皂**

冷制皂俗称 CP（Cold Process）皂，利用油、碱、水等基本原料制作而成。香氛会在油、碱、水混合后，皂液仍为强碱状态时加入，因皂液入模后会持续升温，在温度与强碱的影响下，CP 皂的制作过程并不利于香味的留存。

热制皂俗称 HP（Hot Process）皂，通常会在原料混合搅拌时持续加热，直到皂化完成再加入香氛。

3. **以皂粒加工的香皂**

一般市售的肥皂虽然也是从油＋碱＋水开始制作，但与手工皂的差别在于加入香氛的时间点为皂化完成之后，通常是将成皂加工为皂丝或皂粒，再加入香氛搅拌。

让香气改变的三大因素

精油入皂后，主要会受到三大因素影响，导致气味产生变化，接下来一一详述。

一、温度

了解皂的制作后，大家应该会发现制皂过程中，往往伴随着温度的变化，这会为精油及其香气分子带来影响。沸点较低的精油，其香气很容易在皂液搅拌过程中及皂化升温过程中流失。沸点简单来说，就是液体沸腾时的温度。

虽然一般柑橘类精油沸点均超过100℃，但所谓沸点的意思并不是需要加热达到该温度精油才会挥发，一般在常温下精油都可能挥发（像是水在常温下放一整天，也会慢慢蒸发）。沸点越低香气越容易挥发，右侧为手工皂常用精油的沸点。

制作手工皂时皂液的温度越高，放入的精油沸点越低（相对分子质量越小）越容易挥发，但成皂是否气味明显或持香，却不取决于沸点或是大分子、小分子（因为相对分子质量并不代表气味强度，有时相对分子质量大的香气分子，气味却是微弱的）。在实际的实验中，以小分子为主要成分的精油（例如松脂、莱姆），气味表现性均优于大分子精油（例如古琼香脂以及部分大分子麝香单体）。

精油种类	沸点（℃）
冷杉	150 ~ 170
弗吉尼亚雪松	150 ~ 300
甜橙	175
柠檬	176
迷迭香	176
澳洲尤加利	176
天竺葵	197
真正薰衣草	204
胡椒薄荷	209
快乐鼠尾草	210
醒目薰衣草	211
柠檬香茅	224
佛手柑	257
伊兰	264
大西洋雪松	266
广藿香	287

二、碱性环境

曾有化学领域的学者，在 25% ～ 50% 浓度的氢氧化钠溶液中，以不同的精油测试其香气分子的稳定性（碱水实验），不过这样的做法仅能观察香气分子或精油是否会引起手工皂变色，无法观察出香气分子在手工皂中的气味表现。

因为精油本身并不是单一成分，而是由多种化学成分所组成，举例而言，像是薰衣草，占比例较大的成分是芳樟醇与乙酸芳樟酯，芳樟醇在碱性环境中相较乙酸芳樟酯稳定，但乙酸芳樟酯在碱性环境中会直接水解为醇类（芳樟醇＋酸类），所以薰衣草入皂之后气味会逐渐改变。

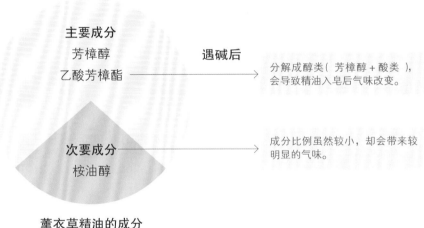

主要成分

芳樟醇
乙酸芳樟酯 ──────── **遇碱后** ────────→ 分解成醇类（芳樟醇＋酸类），会导致精油入皂后气味改变。

次要成分 ────────→ 成分比例虽然较小，却会带来较明显的气味。
桉油醇

薰衣草精油的成分

从精油主成分的香气分子是否容易与碱反应来分析，薰衣草精油入皂时间越久，理论上整块皂闻起来越会充满芳樟醇的香气，但实际上却是桉油醇的气味较为明显，概因精油的气味特色与入皂气味表现并非主要成分，而是其他次要甚至是微量的成分所决定，这也是为何醒目薰衣草的入皂气味表现比真正薰衣草佳的原因。

再像是在单方精油的入皂测试中，同样是以芳樟醇为主要成分的精油芳樟（芳樟醇含量 65% ～ 90%）跟白玉兰叶（75% 以上的芳樟醇），白玉兰叶在成皂中的气味表现比芳樟要强许多，不仅气味明显，持久性也佳。

容易与碱反应的成分还有酚类，如丁香酚（丁香花苞的主要成分）在碱水实验中会逐渐变色并逐渐反应为没有味道的盐类，但在实际测试中，丁香花苞精油入皂后除了变色一项符合碱水实验外，其味道仅是失去丁香的辛辣感，变得更甜，但是气味仍然明显。

容易与碱反应的香气分子，可以说是失去了治疗价值，但并不代表失去香气，比如柠檬醛是不稳定的气味分子，在碱水实验中会逐渐变为黄色，但是它在皂体跟泡沫方面的气味表现却优于在碱性环境中稳定的香气分子。

三、手工皂的影响

皂为表面活性剂，其结构一端为疏水性的长链烷基，另一端为亲水性的羧酸钠基，故手工皂由一端疏水一端亲水的结构所组成，香气分子的表现性在这样的环境下所受到的影响有：

1. **香气分子在成皂中的分布**

像是含醛类的柑橘类精油（甜橙与柠檬），入皂后柠檬烯特色气味减弱，反倒是脂肪醛与柠檬醛的气味会略为凸显。

2. **遇水后乳化作用的影响**

肥皂泡沫的气味，也是精油气味的表现之一。成皂气味表现好的精油不代表泡沫气味表现好，所以在实际调制皂用香氛时，两者均会考量。

举例来说，常见的玫瑰香氛配方是以高比例的香茅醇（Citronellol）搭配香叶醇（Geraniol）（此两种成分为天竺葵的主要成分），搭配适量的苯乙醇，以及微量的 α – 大马酮，如果变成入皂用的玫瑰香氛时，首先要考量的就是各香氛成分的成皂泡沫与肌肤气味的表现性。

苯乙醇成皂较天竺葵成皂气味明显而持久，但两者的泡沫气味表现却是相反的，α-大马酮成皂气味、泡沫与肌肤表现都是最好的，故如果以精油加上单体来调制入皂用的玫瑰香氛，在考量气味表现的前提下，提高 α-大马酮与苯乙醇的添加量，加上适量的天竺葵，就能搭配出各方面表现都不错的手工皂玫瑰香氛。

香叶醇　苯乙醇

α-大马酮

香茅醇 + 香叶醇

一般的玫瑰香氛配方

香叶醇　苯乙醇

香茅醇 +
香叶醇

α-大马酮

入皂的玫瑰香氛配方

给初学者的调香建议

1. 精油品质会影响手工皂的香气表现，所谓的芳疗级、手工皂级、医疗级的分别，是商人给予的，皂友们只要选择品质优良、来源可靠的精油即可。

2. 以电子秤或微量秤精准测量（克数太少时可以滴数计量）。尽量避免不精准的滴数或是毫升数计算方式。

除了精油，
你还需要认识"单体"

推广单体调香多年来，最常听到的问题不外乎是：单体是化学合成吗？
单体调成的香料是否就是香精？香精不是都不好吗？单体不都是从石
油合成而来、价格低廉、对人体不好、不环保的吗？

从调香师的角度来看，单体与各种方式萃取的天然原料（精油、原精、
凝香体）都是我们所使用的原料。所谓的化学和天然，只不过是商人
炒作出来的，人体本身便是一座小型的化工厂，不是吗？

了解单体就像是打开一本芳香疗法书，芳香疗法书对精油的使用禁忌、
安全剂量或者不同用法都有详细的记载，现在甚至不需要买书，通过
网络精油资讯便触手可及，相形之下，单体资讯却是乏善可陈，且多
数是网络上流传的错误资讯。单体与精油密不可分，想了解单体我们
先来了解精油的疗效是从何而来的吧！

天然精油才具有功效吗？

许多精油对人体的功效，往往是来自以往的科学家以精油中的成分对
人体、动物做实验而归纳出的结果，但是各种精油疗效的科学论述，
其实是建立在单体研究的基础之上的。

"天然精油对人体才有疗效"的说法有待商榷，日本科学家曾以合成
的檀香分子测试疗效，发现受测者的肌肤暴露在合成的檀香分子下，
愈合速度加快 30%，甚至合成的麝香分子也与天然的麝香分子相同，
具有放松大脑或是激励大脑的效果。

例如真正薰衣草精油含有大量的芳樟醇、乙酸芳樟酯，经动物实验证实，这两种成分有镇静、安眠的作用，而人体实验上，受测者在嗅闻后的脑电波波动，也证实了这一点。另外一种穗花薰衣草，由于含有大量的桉叶素，作用是清醒与振奋，这样的单一成分实验有助于医生以及芳疗师在看到精油成分时，就能判定这种精油有哪些功效，以及对人的心理、生理会产生哪些作用。

这也是为何坊间的精油书在论述精油功效时，单一精油功效良多，且很多都具有类似的功效（比如含香叶醇的天竺葵与玫瑰草都能够抗菌），归根结底，原因在于一种精油至少有数种甚至高达几百种化学成分（芳香成分／单体）在内。

从小陪伴不少台湾人长大的绿油精，其实就是一种很好的单体＋精油的芳香疗法产品。使用过绿油精的人，都会觉得它很好用，而它也的确是很好的芳香疗法产品，但绿油精并不是完全由100％纯天然精油调制的，其中也有芳香单体，而这芳香单体也是调香师在调香时会使用到的所谓 isolates（单体／单一芳香分子）。

▲ 丁香

▲ 薄荷

绿油精的成分

水杨酸甲酯：冬青油（Wintergreen）的主要成分

薄荷醇：薄荷精油（Peppermint Oil）的主要成分

樟脑：樟脑油（Camphor Oil）的主要成分，也存在于迷迭香、醒目薰衣草当中

桉叶油：尤加利精油（Eucalyptus Oil）

丁香油：丁香精油（Clove Oil）

注：绿油精为台湾新万仁化学制药股份有限公司的注册商标。

香氛产业的六个时期

看到这里，大家是否对单体有基本的了解呢？制作手工皂时皂友们所使用的薄荷脑、冰片事实上就是单体，单体不仅会作为香料添加在各种化妆品中，甚至是食用香精，乃至于中药当中都可见到其踪迹。

从芳香疗法的角度来了解单体与精油，无法窥见香水工业全貌，毕竟整个香水工业所使用的原料（天然与合成）有近 4000 种，但我们可以从香精香料工业发展的历程出发，以来源与制作过程对单体的种类做简单的分类。

香水工业所使用的原料，如果以原料来源粗略地区分，大致可分为天然与合成两类，而这些原料的大宗应用历史可分为以下 A 至 F 六个时期：

A 时期：天然精油、原精。

B 时期：天然来源的分馏单体，例如丁香酚（Eugenol）、无萜油（Terpeneless Oil）、玫瑰醇（Rhodinol）。

C 时期：以天然物进一步利用简单的合成工艺所制成的单体，例如从丁香酚合成为异丁香酚（Isoeugenol），雪松烯（Cedrene）合成为甲基柏木酮（Acetyl Cedrene）。

D 时期：以天然物进一步利用较复杂的合成工艺所制成的单体（这类单体不一定存在于天然界），例如蒎烯（Pinene）合成为香叶醇或二氢月桂烯醇（Dihydromyrcenol）。

E 时期：以合成物进一步利用复杂的工艺加工合成所制成的单体，例如 4–异丙基环己烷甲醇。

F 时期：以合成物进一步加工为天然界存在的香氛单体，例如芳樟醇（Linalool）、α–大马酮。

整个香水工业的原料从 A 时期逐渐过渡到 F 时期，影响其的关键原因是：①人类的商业活动（全球对香精、香料的需求急遽增加）；②气候变迁导致天然资源匮乏；③环保意识增强。

最初的合成单体多以天然物再进一步利用复杂的合成工艺制成，在合成技术与原料价格的限制下，早期合成单体多以石油为来源，但是在石油危机后，许多香精香料公司开始找寻替代来源，尔后衍生出了绿色化学、生物合成单体，甚至是更环保的制作方法。最佳的"变废为宝"的例子，即为造纸业的废水在进一步处理后，转变为能够合成许多单体的萜烯。

破除天然＝安全＝无毒的观念

许多人认为精油是天然的（更进一步，还能够选择有机精油），一定就是比较健康甚至无害的。不过大家可曾想过何谓天然、有机？以法规而言是否有标准可言呢？答案是没有。

在食品与美妆领域，"天然"与"有机"这两个名词，几乎被视为同义词，但是，其实两者是不同的。IFRA（International Fragrance Association）对天然一词所给予的结论为：在香氛产业中，所谓的"天然"并没有官方标准，"天然"是指存在于"自然"界或者从天然物再加工的物质。美国食品药品监督管理局（FDA）指出：所谓的天然是指不含人造物质或合成物质（包含天然或非天然的色素）。

美国农业部（U.S. Department of Agriculture）对有机食品的定义为：采用可持续、环保的种植过程，排除传统农药、合成肥料、污水污泥、生物、辐射污染。官方定义有分歧，但消费者对所谓的天然有机产品却无比信任。

芳香植物所萃取的芳香成分被视为天然复合物（Natural Complex Substances），IFRA仅容许符合ISO 9235：1997对天然芳香物质（Aromatic natural raw materials–Vocabulary）定义的香氛标示为"天然"。广义来说，ISO 9235将天然芳香物定义为采用蒸馏、压榨、萃取方式获得的芳香物，一般来说，像常见的精油，包括精馏处理的精油、单体、从树脂中提炼或萃取的芳香物，以及浓缩芳香物均被视为天然芳香物。美国天然产品协会（United Natural Products Association）更进一步规范石油来源的溶剂，禁止将其使用在萃取过程中，所以使用己烷所萃取的原精与凝香体是被禁止的。

制定这些规范的最大原因是保护群众免于受到有毒物质侵害，当我们跳出天然与合成争议的范围，以"安全"与否来审视这些符合规范的天然芳香物时，我们会发现当我们假定了这些萃取于自然界的天然芳香物是安全时，通常我们也不会进一步要求这些天然芳香物经过科学的验证与检测。长久以来消费者深深相信所谓的天然＝健康＝安全，因此认为所有来自天然的必定是对人体有益的。但也因为天然芳香物的成分是非常复杂的（光薰衣草就含有上百种芳香分子），所以这也让制定安全添加量的规范变得困难。

天然萃取与精油安全性的关系仍有待验证，IFEAT（International Federation of Essential Oils and Aroma Trades）在 2016 年于迪拜举行的会议中指出，天然精油在食品调香方面的确有不可抹灭的作用，但是却缺乏大量科学的安全性实验来支持。

尽管香精香料工业越来越重视天然与合成原料的安全性，并且制定了日益严苛的使用规范，但天然与合成的争议在消费者市场上从未停歇，在这个过度消费、资源日渐紧缺的年代，我们应该深思的是科技是否能改善这种状况，甚至对现在的资源浩劫与环境污染有所助益。

你所使用的精油环保吗？

1930 年，有个发明改变了全人类的生活模式，短短不到 100 年的时间，从包装材料、衣服、建材，到各类机器零件，食衣住行几乎与它脱离不了关系。它拥有质轻、坚固、价廉、绝缘等优点，它就是你我每天都会使用的塑料。

曾被称为 20 世纪人类最重要的发明，塑料至今已演变成由陆地向海洋延伸的一场生态浩劫。合成高分子塑料多数由石油提炼而成，便宜但是废弃物难以处理，燃烧会造成大气污染；掩埋则会污染地下水；回收经济价值又太低。

于是代替石油来源塑料的可分解塑料，不论是化学合成还是生物来源，诸如微生物聚合物 PHA、化学合成聚合物 PLA（聚乳酸）、淀粉塑料等相继问世，在找出完全替代塑料的可真正分解而非仅仅裂解的替代产品前，不少环保团体呼吁：不塑生活，从聪明消费开始做起。

也许看到这里，你会感到疑惑，塑料与我们的香味有什么关联？大家不妨思考，精油的来源是否环保？天然并不等于环保，你知道要消耗 1 吨的花梨木才能产出 10 升的精油吗？更不要说多数品质上乘的花梨木精油，仅能从树龄 20 年以上的树木取得。从花梨木精油开始出现在香精香料市场上，约莫200 万棵花梨木遭到砍伐，仅仅 50 年花梨木即变成"濒危树种"，而人类花了七八十年还无法恢复因为雨林消失而导致的生态崩坏、物种灭绝问题。

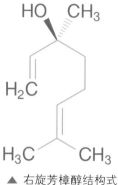
▲ 右旋芳樟醇结构式

近半世纪以来许多科学家、调香师相继站出来寻求可以替代花梨木的其他天然或合成来源。花梨木细致的香气来自其中占了约莫七成的芳香成分——芳樟醇，经过实验证实，这个芳香化学单体具有温和、广泛的抗菌能力，这也是许多芳香疗法师为何使用花梨木治疗妇科病的原因。

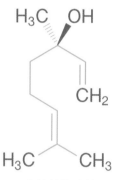
▲ 左旋芳樟醇结构式

许多香友喜欢使用的精油事实上都富含芳樟醇，像是薰衣草、苦橙叶、佛手柑等，而科学家与调香师合力在富含芳樟醇的天然植物当中，去找寻能够符合生态保育、永续生存目标的替代来源，像是甜罗勒、白马鞭草、花梨木叶、芳樟，均在考量之内。但甜罗勒的芳樟醇含量过低，白马鞭草和芳樟叶气味不符合消费者市场需求，目前较佳的替代品为花梨木叶，可惜的是直至今天，香精香料产业还没有一个很好的替代花梨木的方案。

1990 年，由于全球对香精、香料的需求大幅上升，主要是日常清洁用品，从固态清洁剂（洗衣粉、肥皂等）转向液体清洁剂（洗衣液、洗发水、沐浴乳等），花梨木叶也面临匮乏的窘境。

合成芳樟醇的迫切需求促使合成工艺大幅提升，合成的芳樟醇到底是从哪里来的呢？简单来说有两种途径：①由天然的松树脂中分馏的 α – 蒎烯合成；②维生素 A 和维生素 E 制作过程的副产物。

许多在精油市场上标明芳樟醇含量为 90% ~ 98% 的"花梨木"精油，实际上是合成单体，经实验证实合成来源的芳樟醇也具备一定的疗效与抗菌力，虽仅以单体实验来解释精油的疗效也过于偏颇，因为科学目前尚无法解释的精油分子协同效益往往是疗效的精髓，但是气候异常，精油产量逐年下滑，相比之下全球天然香氛产品需求逐年攀升，天然资源匮乏与环保争议，不仅存在于花梨木，甚至是檀香、香草，以及台湾本土的桧木都面临同样的问题。

如果单只是为了品质最好的花梨木（主要成分为左旋芳樟醇），取其柔美气味、温和疗效，导致法属圭亚那的花梨木面临浩劫，该地几乎成为光秃一片的荒地，虽现在渐有复育，但早已无法挽救那已遭破坏的生态环境，那么我们是不是能聪明地选择天然来源的合成芳樟醇来调制喜欢的香气呢？如同我们可以选择其他人工合成的可分解塑料制品，或是选择不购买包装过度的商品。

天然与合成的环保议题

二氢月桂烯醇是目前在香氛市场上被大量使用的天然合成芳香单体之一，它并不存在于自然之中，"天然合成"芳香单体听起来非常矛盾，判定方式是此芳香物质是从天然物还是合成物进一步加工而成。二氢月桂烯醇是由制作维生素 A、维生素 E、维生素 K 的原料蒎烷（Pinane）高温裂解之后再进一步经水合反应而成的。

除了原料的环保与生态问题以外，气候变迁、人口增长与人类经济活动对环境的破坏与掠夺，让自然资源随着快速成长的需求日益吃紧。影响天然精油产量的因素远比这更复杂，比如，柑橘黄龙病菌最先在 2005 年于美国佛罗里达州柑橘种植区域被发现，尔后几乎所有商业柑橘的产区几乎都发现了此种病菌，除了柑橘之外，其他像是香草、薰衣草、檀香，还有许多其他天然芳香植物，也同样受到了气候与病虫害等影响，面临价格与产量的挑战。

我们的生活早已脱离不了"化学"，是时候跳出窠臼了。除了在意我们所使用的香氛是天然的还是化学的，我们更应该重视的是，我们所使用的天然或是合成香氛原料取自于哪里，是否环保。现今的香氛产业已逐渐脱离早期高污染制作方法或是以石油为大宗合成原料来源的生产方式，香氛企业巨头将重心转向以可再生资源来提取或合成香氛，持续引进绿色化学制作工艺与生物科技来支持环境与生态的永续发展。

从原料的制作部分来看，绿色化学与相关制作工艺还有生物科技所带来助益并非立竿见影，长远来看，从原料来源或是最终排放污染的角度考量，都能够对环境产生正面的、实质的效益。

当我们比较生物科技制作工艺所生产的香氛原料和天然精油广藿香所产生的整体水足迹（Water Footprint）与碳足迹（Carbon Footprint），发现广藿香精油从种植到萃取的整个生产过程，比起生物科技制作工艺的单体，甚至是石化来源的单体，所产生的碳足迹高达后者的10倍，水资源耗用甚至可高达1000倍（水资源的主要消耗来源是广藿香在种植灌溉、蒸馏过程中所耗用的水）。

同样，比较天然精油中提取薄荷醇与合成薄荷醇所产生的碳排放量，天然薄荷醇所产生的碳排放量约为合成薄荷醇的6~12倍，这并不是说天然香氛产品是导致全球暖化的原因，而是比较起来，现代科技的绿色化学制作工艺比起传统蒸馏法精油制作工艺对环境更友善。在石油危机之后，日渐高涨的原油价格早已让石油来源的香氛原料变得不敷成本，日本一家香精香料制造商在那之后就逐渐将各种芳香单体逐一改为由可再生资源或生物制作工艺来源材料进一步合成（例如薄荷脑）。

调香的同时，也将环境因素考虑进去吧！

单体是调香师创作的灵感，赋予调香师们无限的创作可能性。迪奥清新之水（Dior Eau Sauvage）的秘密成分是二氢茉莉酮酸甲酯（Methyl Dihydrojasmonate）；少了羟基香茅醛（Hydroxycitronellal），花语

（Quelques Fleurs）黯然失色；经典如 CK ONE，如果拿掉了二氢月桂烯醇，即失去了精髓。

1889 年，娇兰（Guerlain）首次拉开合成单体的序幕，让香水舞台变得多彩多姿，经典如娇兰的蓝调时光（L'Heure Bleue），于 1912 年使用了干邑葡萄的香气单体——邻氨基苯甲酸甲酯（Methyl Anthranilate）；娇兰的蝴蝶夫人（Mitsouko，1919）使用了闻起来带有水蜜桃芳香的单体桃醛（Aldehyde C14）。

以调香师的角度而言，除了创作以外，通过对原料的了解，我们可以采用更环保的原料，比如，本书中介绍的 Velvione（环十六烯酮，见"凡尔赛麝香复方"）即是可分解麝香，Helvetolide（海佛麝香，见"天使麝香复方"）则是替代多环麝香的产品之一。

这些改变以个人来看，有些人会认为这无助于改善整体环境，毕竟比起其他的产业，香氛在消费者的生活中分量很轻，容易被忽视。以瓶装水相比，全球瓶装饮料与瓶装水所用的 PET（Polyethylene Terephthalate）使用量在 10 年前已达到了近 5000 万吨，相比之下，全球的香氛清洁用品消费量仅约为 PET 的三成。

个人之力虽然微小，但香氛产品调香师能够改变消费者的生活习惯，让人们变得更环保，比如，通过沐浴时迅速释放更有效力的宜人香氛就能有效缩短消费者的沐浴时间，或是用给人强烈清洁感印象的香氛洗衣液，让使用者缩短清洗衣物的时间，甚至降低洗涤时的水温。综观全球香氛市场，数亿消费者齐力所带来的实质性改变不容小觑，能大幅度减少水资源与能源的浪费。

以现在的消费市场来看，我们需要 1.4 个地球的资源来维持现在的经济水平，到了 2050 年我们需要 2.3 个地球才能够提供维持现在生活水准所需的资源，但是我们既没有 1.4 个地球，也不可能在短短的数十年间变出 2.3 个地球。制作手工皂的初衷不就是为了环保吗？以香氛手工皂沐浴时，香气洗涤了我们，我们同时也能借由对原料的选择，为我们的环境尽一份心力。

适合入皂的
香氛精油原料

想要调配出芳香的气味，需要先认识各种原料！

严选 70 种适合入皂的精油、单体、复方原料，

告诉你每种原料的香气特性、入皂后的留香程度，

以及如何搭配出散发迷人皂香的香氛配方。

Aroma 老师独创的"香氛概念轮"，教你调出迷人的皂香

文 / Aroma

味道是一种抽象的东西，虽然看不见，但是通过形容与描述，还是可以感觉出它们的气息的。接下来的内容，是与娜娜妈一同挑选并进行测试，罗列出近 70 款皂友们常用或是好用但很多人不会用（像是气息强烈却调不出好闻味道）的精油，以及大家较陌生的单体（大部分皂友接触的单体只有薄荷脑和冰片），只要学会如何运用这些精油与单体，就可以为手工皂的香气带来加分的效果。

不过要提醒大家，即使同一名称的原料（包含精油与单体），也会因不同的品质或萃取方式，让香气表现有所差异。

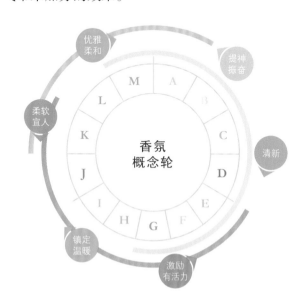

"香氛概念轮"是什么？

挑选出适合入皂的精油与单体后，再将具有相似感官印象的气味予以

分类，比如，闻起来感觉沉稳的为一类，散发出大自然芬多精味道的归为一类，总共分为 A 到 M 13 个区块，并根据三大感官印象，形成一个"香氛概念轮"。

"香氛概念轮"的三大感官印象

"香氛概念轮"的外围有绿色、咖啡色、粉红色三个色环（见 p.30 图），是将 A ~ M 中具有相同气味感受的区块做分类，因每个区块原料的特性不同，会出现相叠的半环，各色环分别带有下面的香气特性：

1. 绿色环——中性调

绿色环中的原料都具有提神、振奋、清新、自然的特色。区块 D 中的原料拥有清凉的气味。绿色环与咖啡色环重叠的区块 E ~ G，其气味更多地给人激励、有活力的感受。

2. 咖啡色环——男性调

咖啡色环中的原料有着镇定、温暖、激励、活力充沛的特色。咖啡色与粉红色重叠处代表该分类中的原料同时拥有多重面向，就看不同配方与剂量的用法。举例来说，以下两组配方，都使用有 K 区块中的天使麝香复方与香草醛（Vanillin），但因使用的剂量不同与搭配组合不同，就会产生不同的气味。

配方 1	
提高天使麝香复方与香草醛剂量，能够加强与柔化白玉兰叶、伊兰的气味。	
天使麝香复方	3g
香草醛	0.5g
白玉兰叶	4g
伊兰	2.5g

配方 2	
少量的天使麝香复方与香草醛，并加入其他色环的原料，能让木质香气闻起来更温暖。	
天使麝香复方	1g
香草醛	0.1g
零陵香豆素	0.5g
愈创木	6g
弗吉尼亚雪松	3g

3. 粉红色环——女性调

粉红色环中的原料有着柔软、宜人、优雅、柔和的气味特色。分类在粉红色环中的原料，闻起来较具女性特质。粉红色环与其他色环重叠处，代表该分类中的原料同时有多重面向，只需看不同配方与剂量的用法。皂友们可以试着发掘各种原料的不同用法，或可以参考书中原料介绍中的示范配方，就会发现香味多变、有趣之处。

"香氛概念轮"各区块里的代表原料

区块 A 白松香、鸢尾根复方、胡萝卜种子

区块 B 柠檬、佛手柑、葡萄柚、甜橙、蒸馏莱姆、山鸡椒、莱姆复方、黄橘、香茅、柠檬香茅、柠檬尤加利

区块 C 冷杉、丝柏、杜松浆果、松脂、桧木、乳香、摩洛哥洋甘菊、鼠尾草、苦艾

区块 D 胡椒薄荷、绿薄荷、冰片

区块 E 热带罗勒、芳樟醇罗勒、甜茴香

区块 F 丁香花苞、锡兰肉桂、中国官桂、姜

区块 G 真正薰衣草、醒目薰衣草、迷迭香、茶树、澳洲尤加利、快乐鼠尾草、MIAROMA 草本复方

区块 H 大西洋雪松、愈创木、绅士岩兰复方

区块 I 橡树苔原精、岩玫瑰原精、麦芽酚（Maltol）、乙基麦芽酚（Ethyl Maltol）、MIAROMA 清新精萃

区块 J 红檀雪松、弗吉尼亚雪松、岩兰草、广藿香、咖啡、零陵香豆素（Coumarin）、中国雪松、MIAROMA 白檀木

区块 K 苏合香、安息香、香草（香草醛、乙基香草醛）、环十六烯酮、海佛麝香、天使麝香复方、秘鲁香脂

区块 L 茉莉原精、伊兰、白玉兰叶、芳樟、花梨木、清茶复方、凡尔赛麝香复方、MIAROMA 月光素馨

区块 M 玫瑰草、波旁天竺葵、甜橙花、苦橙叶、α–大马酮、MIAROMA 月季玫瑰

香氛概念轮的应用

1. 调香初学者

刚开始摸索，对香氛原料气味还不熟悉，不知道该挑选哪些原料或是怎么搭配。

目标

从香氛概念轮开始，熟悉原料气味，进行搭配练习，进而调配出和谐、好闻的气味。

练习方式

① 先将手上现有的香氛原料做分类，再挑出其中一种进行练习，找出此香氛原料在香氛概念轮上的位置。

② 找出此香氛原料在香氛概念轮上的位置后，接着找出适合与它搭配的香味。最简单的方式就是选择同颜色半环中，或者同一分类中的原料做搭配。

示范说明

Step1 假如手边现有的香氛原料有伊兰、茶树、佛手柑、芳樟、白玉兰叶、安息香、玫瑰天竺葵等，分别找出这些原料在香氛概念轮上的位置。

Step2 挑选出伊兰并找出其位置（L），接着再找出搭配的香氛。可搭配同区块的茉莉原精、白玉兰叶；或是同色环的区块K、M、A中的原料，例如，选择区块M中的原料时，就可以搭配波旁天竺葵、玫瑰草、甜橙花、苦橙叶。

Step3 按照气味强度来调配原料的比例，或是按照个人喜好调配。

2. 调香进阶者

解决不同的香氛配方在入皂、晾皂后，闻起来却都大同小异的问题。

目标

善用香氛概念轮与原料的气味评比，让成皂散发出主题明确的芳香气味。

练习方式

① 请将手边的所有香氛原料，按照香氛概念轮分类。

② 同一区块中的所有原料都能够互相搭配。如要避免出现相似的味道，请尽可能不要重复搭配区块 B 与 G 的精油。区块 B 中，皂友常备的原料有：柠檬、甜橙、葡萄柚、香茅（包括柠檬香茅）、柠檬尤加利；区块 G 中常备的原料有：醒目薰衣草、真正薰衣草、迷迭香、澳洲尤加利。不管是选择区块 B 还是区块 G 的原料互搭制作不同皂的香氛配方，例如甲皂＝柠檬＋甜橙＋柠檬尤加利；乙皂＝葡萄柚＋山鸡椒＋香茅，成皂后给予一般消费者的香气印象都是类似的。关于区块 G，大家可以参考 p.92 以后的内容。

③ 先构想希望调制出的香气印象，再按照外围三个色环的特色，找出对应的区块。

④ 列出主题与对应区块后，从各个区块中找出皂体气味表现最好的原料，在配方中以该原料作为主要成分。

示范说明

Step1 手边有绿薄荷、柠檬、苦橙叶、松脂、大西洋雪松、薰衣草、茶树、尤加利等原料。

Step2 想要呈现自然的香气，主题为春天、宜人、温柔的感觉。将手边原料按照香氛概念轮分类，选出符合主题的区块（分类为 B、M 的区块）。

Step3 参考成皂后的气味评比（请见 p.169），在区块中选出皂体表现最好的两种原料。区块 B 皂体表现最好的为蒸馏莱姆与香茅；区块 M 皂体表现最好的为甜橙花与苦橙叶。

Step4　示范配方（总克数 100g），蒸馏莱姆 50g＋香茅 10g＋甜橙花 30g＋苦橙叶 10g。可以按照喜好或者香氛概念轮中的区块搭配建议做变化。

TIP　想要调制出符合主题且晾皂后（2～3 个月）仍带有香气的配方，整体主要比例最少一半以上必须是气味评比表现在分数 3 以上的原料（如果晾皂的时间更久，例如 6～8 个月及以上，就要选择气味评比分数更高的原料）。

3. 调香高阶者

调制出皂体、泡沫和肌肤气味表现性皆佳的香味。

目标

熟悉书中单体的气味，并加至原有配方，丰富手工皂香气，调制出符合主题的配方。

练习方式

薰衣草入皂气味常见的问题就是气味特色改变，虽然晾皂后皂体气味表现不错，不过久了之后，薰衣草的特有花香会被类似迷迭香与尤加利的凉味所取代。此时，我们可以用单体来加强薰衣草在皂中的气味表现，而且此配方还能够改善薰衣草入皂后沐浴时的泡沫气味与肌肤气味表现。

示范说明

书中的配方案例"薰衣草之梦"（请见 p.164，此处用量扩展为配方的 10 倍），以真正薰衣草（可以用醒目薰衣草替代，效果更好）65g＋凡尔赛麝香复方 30g＋鸢尾根复方 5g，来达到想要的香氛效果。

Aroma 的调香实验室

70 种香氛精油的
入皂测试心得

文 / Aroma

我与娜娜妈在撰写本书时，搜罗了市面上众多品牌的精油，分别测试了它们入皂后的表现性，也将这些心得重点整理如下，以供大家参考。

1. 精油品质会影响其入皂的表现性

同样都是快乐鼠尾草精油，有的成皂 3 个月后表面气味有 3.5 分（满分 8 分），有的仅剩 1.5 分；也有伊兰在晾皂期后就几乎淡而无味。建议香友们在购买时不妨多家比较，并慎选品质。

2. 比起价格，更应考虑入皂效果

与其以价格高低决定购买入皂香氛的种类，倒不如选购入皂效果好的香氛。贵一点但是入皂效果好的香氛，包括精油，在手工皂调香中是很实用的，而且入皂用量省，成本算起来与便宜的香氛是差不多的，甚至更省。

3. 不同制作方法，也会影响香氛的表现

不同制作方法的皂在香氛上有各自的问题，加入手工皂后气味稳定的香氛配方，不一定就会在其他制作工艺的皂中表现一样好。比如苯乙醇（Phenylethyl alcohol）会让一般冷制皂加速皂化，但在透明皂中则会影响皂体凝固。

4. 香氛单独使用与搭配成复方，会带来不同效果

想要利用不同搭配方式来加强扩散力，或者让气味变得明显，使用精油是较困难的，用本书介绍的单体较为容易。

比如说 Methyl Jasmonate（茉莉酸甲酯，存在于茉莉花中的香氛成分），在单独入皂时气味强度跟气味稳定性表现都不尽如人意，但是一旦跟其他白色花香成分一起搭配时，两者相得益彰，能创造出气味明显、持续力久的手工皂香氛；脂环麝香（例如海佛麝香），入皂气味微弱，肌肤表现性也差，需要跟其他香氛搭配，才能搭配出表现好的复方香氛。

5. 所有复方配方配完后，需陈香两周

打皂时才调制复方，没有经过陈香过程，会让香气分子彼此难以融和、协调，无法发挥出最佳的香氛效果。

6. 不是使用大分子精油就能让皂变香

并不是每种大分子精油或单体都适合入皂使用，比如古巴香脂、古琼香脂就完全不适合用于手工皂调香，因为其香气表现性差，气味特色也无法在手工皂中表现出来。

大分子的精油或者单体在手工皂调香中的角色与其说是定香剂，倒不如说是用来修饰整体气味（比如 p.106 愈创木、p.116 弗吉尼亚雪松）。不过，所有大分子精油与单体在皂体表面挥发（气味变淡）的速度，都比其他精油来得缓慢。但这里要再强调一次，手工皂调香首先要考量的绝对不是以大分子精油或单体作为配方主要比例，这样设计出来的配方会导致成皂晾皂期过后气味微弱，甚至是辨识度低，每块闻起来都大同小异。

使用说明

香氛
概念轮
B

蒸馏莱姆

英文名称 Lime Distilled
拉丁学名 *Citrus limetta*

表面气味
5.5
●●●●●○○○

泡沫气味
6
●●●●●●○○

肌肤气味
1
●○○○○○○○

关于本书收录的原料说明：

【 精油 】

本书天然原料选材主要以气味表现佳的优先，包括常用精油，以及少用但入皂效果好的精油。

并对皂友容易有疑问的原料进行说明，比如气味难调配，或者容易调制出相近气味的原料。

【 单体 】

香水工业常用单体有 1000 多种，价格差异甚大，从每公斤几十元到数十万元的都有，在入皂表现上，即便是原料气味强度大、具有耐碱特性，也不代表其入皂后在皂体、泡沫、肌肤残留的气味上表现佳。像是带有草莓气味的单体 Aldehyde C16（即杨梅醛，广用于食品调香，同时许多儿童调味牙膏中也有其踪迹），其原料特性耐碱、气味强度甚大（在香水调香中为低剂量使用），但实际入皂测试后各方面表现均差。因此，本书挑选出与精油搭配性强、取得容易、价格合宜、入皂效果好的单体。

【 复方香氛系列 】

下列为本书复方原料的挑选原则：1. 低污染、环保；2. 价格合宜；3. 与常用精油搭配广；4. 加入后可以直接强化整体配方气味表现。

推荐①：IPARFUMEUR 纯香馥方

以环保、安全的单体为主，结合调香艺术，打造一系列最适合与精油搭配的纯香馥方。

原料不多的调香初学者使用纯香馥方系列时，可以直接强化精油配方的香气表现。对于调香进阶者，纯香馥方可以在不影响整体配方特色、不抢味的情况下，修饰气味并且增加香氛变化性，即使只有精油也能轻松调制出市售香水的香调。

凡尔赛麝香复方 p.148　　鸢尾根复方 p.44　　天使麝香复方 p.136

绅士岩兰复方 p.108　　莱姆复方 p.60　　清茶复方 p.146

推荐②：MIAROMA 环保香氛

大量结合天然精油、原精以及凝香体，以调香美学打造出的香氛复方。对初学者而言，直接使用 MIAROMA 即能够让整体香氛产品达到水准之上，再不需要担心所调制的香氛复方在晾皂过后气味不佳。22 种以上的香氛产品，可以打造出各式主题的香氛复方。

关于香气表现的说明

- 精油入皂比例为皂液总重的 2%；单体为 0.5% ~ 1%。配方为 100% 纯椰子油皂。

- 精油品质影响香气表现甚多，以不同来源之快乐鼠尾草、天竺葵来测试，其在皂中的香气表现差异甚大。

- 单体的品质也会影响气味表现，概因合成的技术与纯度不同。

- 气味取晾皂 3 ~ 6 个月的平均表现。

- 如期望成皂香气在晾皂期甚至半年后都还能够具有明显的、辨识度高的香气，建议挑选 3.5 分或 4 分以上的原料作为香氛配方主要比例，请见 p.169 "精油原料入皂后气味评比"。

香氛概念轮 B

蒸馏莱姆

英文名称 Lime Distilled
拉丁学名 *Citrus limetta*

表面气味
5.5
●●●●●○○○

泡沫气味
6
●●●●●●○○

肌肤气味
1
●○○○○○○○

入皂的莱姆精油需要选择蒸馏法而非冷压法制成的，且需注意如果仅使用蒸馏莱姆入皂，其香气并不优美宜人，建议与其他柑橘类精油（柠檬、甜橙、葡萄柚）调和，所散发出的香气效果较好。

如果以常见的音阶分类法来筛选手工皂调香原料，甚至调制手工皂香氛，是无法做出皂体、泡沫、肌肤气味表现性均佳的香气的，甚至会出现晾皂后皂体仅剩若有似无的香气的状况。以音阶分类法来看，蒸馏莱姆的分类在高阶，但在实际测试中，蒸馏莱姆精油在晾皂半年后的表现，比许多分类在低音阶的所谓"可定香"原料来得好。

示范配方说明

- 示范搭配的目的是让初学者熟悉原料的气味与应用，并对于原料可搭配的香气类型有基本认识，所以每种配方当中的原料会以 3 ~ 5 种为主，再搭配上复方香氛（IPARFUMEUR 纯香馥方、MIAROMA 香氛系列）加强气味的表现，即使是手边香氛原料不多的初学者，也能够调制出好闻、变化多的香氛配方。示范搭配的用意为让初学者熟悉原料的变化与搭配，在熟悉原料用法后，可以自行依照喜好调整剂量。

- 建议使用微量磅秤，以克数精确计量原料，而非以滴数或毫升数。

- 配方原料混合均匀后，装入精油瓶中并放于阴凉干燥处至少两周，才能入皂

关于香氛概念轮

挑选出适合入皂的精油与单体后，再将具有相似感官印象的气味予以分类，比如，闻起来感觉沉稳的为一类，散发出大自然芬多精味道的归为一类，总共分为 A 到 M 13 个区块，并根据三大感官印象，形成一个"香氛概念轮"。

搭配建议

以下建议的原料皆可以加入较高的剂量，来与蒸馏莱姆搭配。其他没有提到的原料也可以与蒸馏莱姆搭配，但不建议加入太高的剂量，需酌量添加。

香氛
概念轮

鸢尾根复方

柠檬、佛手柑、葡萄柚、甜橙、山鸡椒、香茅、莱姆复方

冷杉、丝柏、杜松浆果、松脂、桧木、乳香

胡椒薄荷、绿薄荷、冰片

真正薰衣草、醒目薰衣草、迷迭香、茶树、澳洲尤加利

示范配方 1

呈现出清新的、如森林般的香氛气息。参考香氛概念轮外环的感官说明，选择可与蒸馏莱姆高比例搭配的原料。此配方选择同样位于香氛概念轮绿色外环的原料作为主要搭配。

山鸡椒	3g
蒸馏莱姆	4g
澳洲尤加利	2g
绿薄荷	1g

示范配方 2

此配方能带来清新、木质、沉稳的香氛气息。

蒸馏莱姆	3g
苦橙叶	3g
醒目薰衣草	2g
红檀雪松	2g

示范配方 3

此配方主要为绿意柑橘香水调，入皂后泡沫与肌肤气味的表现佳。

白松香	0.5g
蒸馏莱姆	4.5g
柠檬	3g
乙基麦芽酚	0.5g
鸢尾根复方	2g

使用。本书进阶的香氛配方使用的原料较多（ 见 p.162 ），建议拉长陈香时间至一个月。

· 粉末型原料与黏稠型原料在操作时要特别注意：粉状结晶类，如香草醛、乙基香草醛、麦芽酚、乙基麦芽酚、零陵香豆素，建议与配方中其他精油调和后，隔水加热或隔水微波熔解。浓稠原料，如橡树苔原精、岩玫瑰原精、愈创木，与其他精油混合后，隔热水搅拌（ 加热或不加热均可 ），即可均匀分散。

· 添加有结晶状、粉状原料的复方香氛于陈香后可能会有析出，使用前再次隔水加热熔解即可。如要完全避免析出，调香时可降低粉状或结晶状原料的比例。

白松香

英文名称 Galbanum
拉丁学名 *Ferula galbaniflua*

表面气味

8

●●●●●●●●○○

泡沫气味

8

●●●●●●●●○○

肌肤气味

8

●●●●●●●●○○

初学芳香疗法或调香的香友，对白松香的气味几乎都是敬而远之，因为它独特的青绿气味总让人不知道该如何使用，不过也因为它足够的气味强度，入皂后可以带来突出的香气。

在气味的搭配上，初学者可以使用鸢尾根复方与白松香做 2：1 的调配，能让白松香独特的青绿气息变得柔和，或者可以将鸢尾根复方与白松香调和后，搭配 p.43 香氛概念轮中建议的原料。

搭配建议

以下建议的原料皆可以加入较高的剂量，来与白松香搭配。其他没有提到的原料也可以与白松香搭配，但不建议加入太高的剂量，需酌量添加。

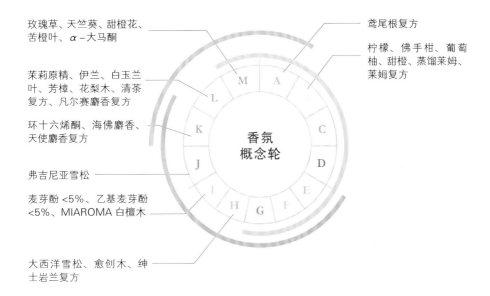

玫瑰草、天竺葵、甜橙花、苦橙叶、α–大马酮

茉莉原精、伊兰、白玉兰叶、芳樟、花梨木、清茶复方、凡尔赛麝香复方

环十六烯酮、海佛麝香、天使麝香复方

弗吉尼亚雪松

麦芽酚 <5%、乙基麦芽酚 <5%、MIAROMA 白檀木

大西洋雪松、愈创木、绅士岩兰复方

鸢尾根复方

柠檬、佛手柑、葡萄柚、甜橙、蒸馏莱姆、莱姆复方

香氛概念轮

M A C D E F G H I J K L

示范配方 1

此配方主要传递出女性、柔和的香气概念。

白松香	2g
鸢尾根复方	3g
伊兰	3g
凡尔赛麝香复方	2g

示范配方 2

此配方主要传递出中性、温暖、振奋的香气概念。

柠檬	4g
白松香	1g
鸢尾根复方	1g
绅士岩兰复方	3.5g
乙基麦芽酚	0.5g

纯香馥方系列——

鸢尾根复方

► 鸢尾根复方主要成份
结构式

表面气味

8
●●●●●●●●●

泡沫气味

8
●●●●●●●●●

肌肤气味

8
●●●●●●●●●

鸢尾根原精（Orris Concrete）一直是调香师不可或缺的调香原料。鸢尾根原精制作耗时，价格高昂，在单体调配上多以紫罗兰酮为主要原料，紫罗兰酮可以从柠檬醛（可从天然的柠檬香茅精油中取得）加工制作而成。

纯香馥方系列中的鸢尾根复方以天然来源的鸢尾酮（Irone）为主轴，加上可分解麝香，带来中性而优雅的气味，像宝宝肌肤的柔软粉香中，还带着土壤与坚果的香气，并有着鸢尾根原精特殊的乳脂香气。

搭配建议

鸢尾根复方的气味柔和，可以用来与气味突出、较难搭配的精油相互调和，与大多数精油搭配入皂后，也能修饰气味，并弥补泡沫与肌肤残留气味的不足，推荐调香初学者与皂友使用。

以下蓝色字体的原料，为大多数调香初学者认为气味重、不好搭配的原料，都可以尝试与鸢尾根复方做调和（比例见下方蓝字）。下面是各原料与鸢尾根复方的建议比例，皂友可以依照喜好与配方需要自行调整。

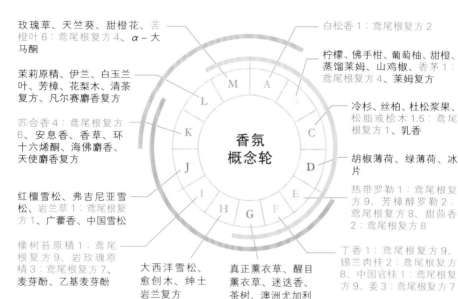

玫瑰草、天竺葵、甜橙花、苦橙叶6：鸢尾根复方4、α–大马酮

茉莉原精、伊兰、白玉兰叶、芳樟、花梨木、清茶复方、凡尔赛麝香复方

苏合香4：鸢尾根复方6、安息香、香草、环十六烯酮、海佛麝香、天使麝香复方

红檀雪松、弗吉尼亚雪松、岩兰草1：鸢尾根复方1、广藿香、中国雪松

橡树苔原精1：鸢尾根复方3：鸢尾根复方7、麦芽酚、乙基麦芽酚

大西洋雪松、愈创木、绅士岩兰复方

真正薰衣草、醒目薰衣草、迷迭香、茶树、澳洲尤加利

白松香1：鸢尾根复方2

柠檬、佛手柑、葡萄柚、甜橙、蒸馏莱姆、山鸡椒、香茅1：鸢尾根复方4、莱姆复方

冷杉、丝柏、杜松浆果、松脂或桧木1.5：鸢尾根复方1、乳香

胡椒薄荷、绿薄荷、冰片

热带罗勒1：鸢尾根复方9、芳樟醇罗勒2：鸢尾根复方8、甜茴香2：鸢尾根复方8

丁香1：鸢尾根复方9、锡兰肉桂2：鸢尾根复方8、中国官桂1：鸢尾根复方9、姜3：鸢尾根复方7

示范配方 1

以鸢尾根矫正罗勒气味，加入其他凸显绿意与柑橘香气原料。芳樟醇罗勒也可用0.1g的热带罗勒替代。

芳樟醇罗勒	0.5g
白松香	1g
鸢尾根复方	5g
十倍甜橙	3g
乙基麦芽酚	0.5g

示范配方 2

柔和丁香花苞气味，并加入玫瑰气味元素。

土耳其玫瑰(见 p.163)	5g
丁香花苞	1g
鸢尾根复方	3.5g
乙基香草醛	0.5g

示范配方 3

如仅有苦橙叶、白玉兰叶、佛手柑，配方变化过于单调，成皂皂体表现也不够好。加入鸢尾根复方可提高苦橙叶的用量，同时修饰其气味。

苦橙叶	3g
鸢尾根复方	4g
白玉兰叶	2g
佛手柑	1g

柠檬

英文名称 Lemon
拉丁学名 *Citrus limon*

表面气味

1

●○○○○○○○

泡沫气味

2

●●○○○○○○

肌肤气味

1

●○○○○○○○

很多皂友以为将柠檬精油入皂，可以为手工皂带来清新的气息，殊不知柠檬精油入皂后就会失去那股迷人的味道，而且晾皂约四个月后，皂体表面仅剩极淡的柑橘香气。单靠柠檬精油本身无法为皂的气味加分，必须再加入其他原料才能有所提升，像是搭配山鸡椒就能加强柠檬精油入皂后的香气。

搭配建议

以下建议的原料皆可以加入较高的剂量，来与柠檬搭配。其他没有提到的原料也可以与柠檬搭配，但不建议加入太高的剂量，需酌量添加。

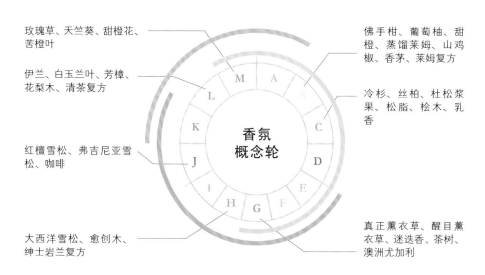

玫瑰草、天竺葵、甜橙花、苦橙叶

伊兰、白玉兰叶、芳樟、花梨木、清茶复方

红檀雪松、弗吉尼亚雪松、咖啡

大西洋雪松、愈创木、绅士岩兰复方

佛手柑、葡萄柚、甜橙、蒸馏莱姆、山鸡椒、香茅、莱姆复方

冷杉、丝柏、杜松浆果、松脂、桧木、乳香

真正薰衣草、醒目薰衣草、迷迭香、茶树、澳洲尤加利

香氛概念轮

示范配方 1

加强柠檬精油入皂的香气，使柠檬清新的气味更加凸显。如果手边没有蒸馏莱姆，也可以用莱姆复方替代。

柠檬	5g
山鸡椒	2g
蒸馏莱姆	2g
胡椒薄荷或绿薄荷	1g

示范配方 2

以上面香氛概念轮所列出的原料，加入较高比例的乳香、迷迭香，与柠檬搭配，成为配方的主要架构，再酌量加入大西洋雪松修饰气味，打造清新、自然、木质的香味气氛。

柠檬	3g
乳香	2g
迷迭香	3g
大西洋雪松	2g

示范配方 3

参考市售柑橘鸢尾中性香水，调整为适合入皂的配方。入皂后可加强泡沫感，香气也能停留于肌肤上。

柠檬	3g
蒸馏莱姆	2g
鸢尾根复方	4g
天使麝香复方	1g
乙基麦芽酚	0.5g

佛手柑

英文名称 Bergamot
拉丁学名 *Citrus bergamia*

表面气味

3

●●●○○○○○

泡沫气味

2

●●○○○○○○

肌肤气味

2

●●○○○○○○

佛手柑在调香中可以修饰气味强烈，或不好闻（药味）的原料；在手工皂调香中也是如此，尤其是可修饰茶树、薄荷、澳洲尤加利这一类容易让人有药味或清凉感印象的精油原料。

搭配建议

以下建议的原料皆可以加入较高的剂量，来与佛手柑搭配。其他没有提到的原料也可以与佛手柑搭配，但不建议加入太高的剂量，需酌量添加。

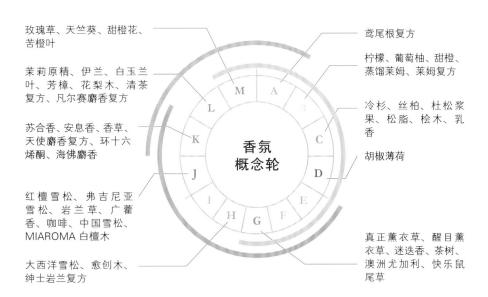

玫瑰草、天竺葵、甜橙花、苦橙叶

茉莉原精、伊兰、白玉兰叶、芳樟、花梨木、清茶复方、凡尔赛麝香复方

苏合香、安息香、香草、天使麝香复方、环十六烯酮、海佛麝香

红檀雪松、弗吉尼亚雪松、岩兰草、广藿香、咖啡、中国雪松、MIAROMA 白檀木

大西洋雪松、愈创木、绅士岩兰复方

鸢尾根复方

柠檬、葡萄柚、甜橙、蒸馏莱姆、莱姆复方

冷杉、丝柏、杜松浆果、松脂、桧木、乳香

胡椒薄荷

真正薰衣草、醒目薰衣草、迷迭香、茶树、澳洲尤加利、快乐鼠尾草

香氛
概念轮

示范配方 1

此配方呈现出男性、清新、清爽的香气概念。

佛手柑	3g
快乐鼠尾草	2g
苦橙叶	2g
松脂	3g

示范配方 2

此配方呈现中性、柔和、宜人的香气概念。

佛手柑	4g
白玉兰叶	3g
甜橙花	3g

示范配方 3

参考市售佛手柑香水，调整为适合入皂的简易配方。入皂后的泡沫香气、肌肤残留香气表现佳。

佛手柑	3g
甜橙	3g
绅士岩兰复方	4g

葡萄柚

英文名称 Grapefruit
拉丁学名 *Citrus paradisi*

表面气味

1

●○○○○○○○

泡沫气味

2

●●○○○○○○

肌肤气味

1

●○○○○○○○

葡萄柚在香水中的气味与效果与其他柑橘类精油（如柠檬、甜橙）不同，而入皂后在前三个月的晾皂期，皂体表面气味、泡沫气味与其他柑橘类精油会略有些不同，六个月后皂体表面气味会比柠檬淡得快，好品质的葡萄柚精油价格比柠檬与甜橙贵，所以不建议作为入皂的首选，如果手边刚好有，或许可以试试。

搭配建议

以下建议的原料皆可以加入较高的剂量，来与葡萄柚搭配。其他没有提到的原料也可以与葡萄柚搭配，但不建议加入太高的剂量，需酌量添加。

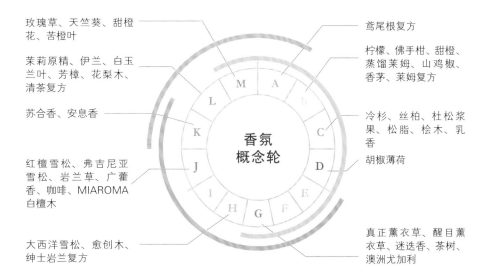

玫瑰草、天竺葵、甜橙花、苦橙叶

茉莉原精、伊兰、白玉兰叶、芳樟、花梨木、清茶复方

苏合香、安息香

红檀雪松、弗吉尼亚雪松、岩兰草、广藿香、咖啡、MIAROMA 白檀木

大西洋雪松、愈创木、绅士岩兰复方

鸢尾根复方

柠檬、佛手柑、甜橙、蒸馏莱姆、山鸡椒、香茅、莱姆复方

冷杉、丝柏、杜松浆果、松脂、桧木、乳香

胡椒薄荷

真正薰衣草、醒目薰衣草、迷迭香、茶树、澳洲尤加利

香氛概念轮

示范配方

可参考 p.46 柠檬或 p.52 甜橙中的配方，将配方中的柠檬或甜橙替换为葡萄柚即可。

香氛
概念轮
B

甜橙

英文名称 Sweet Orange
拉丁学名 *Citrus sinensis*

表面气味

2

●●○○○○○○○

泡沫气味

2

●●○○○○○○○

肌肤气味

1

●○○○○○○○○

十倍甜橙入皂后的气味强度与持香度较一般甜橙精油更佳，但不论哪种甜橙精油，入皂后都会失去甜橙精油果汁般的新鲜酸甜感，反倒是剥完柑橘果皮后的脂肪醛味会随着晾皂时间变长越来越明显。要加强甜橙特有的柑橘气味与其在皂里的持香度，除了加入山鸡椒或是蒸馏莱姆外，也可以参考 p.53 的示范配方。

搭配建议

以下建议的原料皆可以加入较高的剂量，来与甜橙搭配。其他没有提到的原料也可以与甜橙搭配，但不建议加入太高的剂量，需酌量添加。

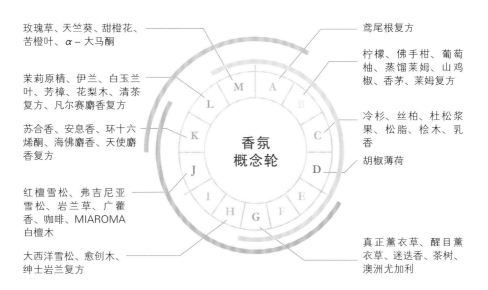

玫瑰草、天竺葵、甜橙花、苦橙叶、α–大马酮

茉莉原精、伊兰、白玉兰叶、芳樟、花梨木、清茶复方、凡尔赛麝香复方

苏合香、安息香、环十六烯酮、海佛麝香、天使麝香复方

红檀雪松、弗吉尼亚雪松、岩兰草、广藿香、咖啡、MIAROMA白檀木

大西洋雪松、愈创木、绅士岩兰复方

鸢尾根复方

柠檬、佛手柑、葡萄柚、蒸馏莱姆、山鸡椒、香茅、莱姆复方

冷杉、丝柏、杜松浆果、松脂、桧木、乳香

胡椒薄荷

真正薰衣草、醒目薰衣草、迷迭香、茶树、澳洲尤加利

香氛概念轮

示范配方 1

用较便宜的甜橙精油，制造出血橙精油特殊的糖香。

十倍甜橙	9g
乙基麦芽酚	1g

示范配方 2

此配方能带来热带柑橘果香。

十倍甜橙	5g
莱姆复方	5g

示范配方 3

示范配方 1 的延伸款，加入了绅士岩兰复方，可以提升皂的泡沫与肌肤气味表现。

十倍甜橙	4.5g
乙基麦芽酚	0.5g
绅士岩兰复方	5g

香氛
概念轮
B

蒸馏莱姆

英文名称 Lime Distilled
拉丁学名 *Citrus limetta*

表面气味
5.5
●●●●●◐○○

泡沫气味
6
●●●●●●○○

肌肤气味
1
●○○○○○○○

入皂的莱姆精油需要选择蒸馏法而非冷压法制成的，且需注意如果仅使用蒸馏莱姆入皂，其香气并不优美宜人，建议与其他柑橘类精油（柠檬、甜橙、葡萄柚）调和，所散发出的香气效果较好。

如果以常见的音阶分类法来筛选手工皂调香原料，甚至调制手工皂香氛，是无法做出皂体、泡沫、肌肤气味表现性均佳的香气的，甚至会出现晾皂后皂体仅剩若有似无的香气的状况。以音阶分类法来看，蒸馏莱姆的分类在高音阶，但在实际测试中，蒸馏莱姆精油在晾皂半年后的表现，比许多分类在低音阶的所谓"可定香"原料来得好。

搭配建议

以下建议的原料皆可以加入较高的剂量，来与蒸馏莱姆搭配。其他没有提到的原料也可以与蒸馏莱姆搭配，但不建议加入太高的剂量，需酌量添加。

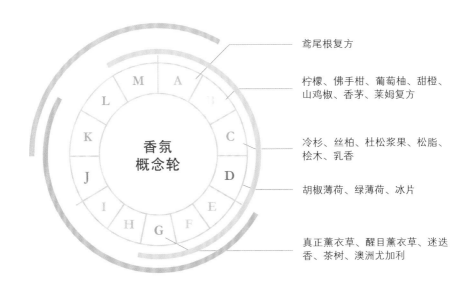

鸢尾根复方

柠檬、佛手柑、葡萄柚、甜橙、山鸡椒、香茅、莱姆复方

冷杉、丝柏、杜松浆果、松脂、桧木、乳香

胡椒薄荷、绿薄荷、冰片

真正薰衣草、醒目薰衣草、迷迭香、茶树、澳洲尤加利

示范配方 1

呈现出清新的、如森林般的香氛气息。参考香氛概念轮外环的感官说明，选择可与蒸馏莱姆高比例搭配的原料。此配方选择同样位于香氛概念轮绿色外环的原料作为主要搭配。

山鸡椒	3g
蒸馏莱姆	4g
澳洲尤加利	2g
绿薄荷	1g

示范配方 2

此配方能带来清新、木质、沉稳的香氛气息。

蒸馏莱姆	3g
苦橙叶	3g
醒目薰衣草	2g
红檀雪松	2g

示范配方 3

此配方主要为绿意柑橘香水调，入皂后泡沫与肌肤气味的表现佳。

白松香	0.5g
蒸馏莱姆	4.5g
柠檬	3g
乙基麦芽酚	0.5g
鸢尾根复方	2g

香氛
概念轮
B

山鸡椒

英文名称 May Chang
拉丁学名 *Litsea cubeba*

表面气味
4
●●●●○○○○

泡沫气味
4
●●●●○○○○

肌肤气味
1.5
●◐○○○○○○

山鸡椒在手工皂调香中有两种功能：一是可加强柑橘精油的表现，但要特别注意的是过高的山鸡椒比例，会让柑橘香气失去特色；二是可以用来修饰具有药味清凉感的精油，像是茶树、澳洲尤加利、薄荷等，也可以酌量搭配甜茴香使用。在修饰具有药味、清凉感的原料上，山鸡椒与佛手柑最大的不同在于，佛手柑会让整体气味柔和，山鸡椒则能保持清新、自然的整体气味。

搭配建议

以下建议的原料皆可以加入较高的剂量，来与山鸡椒搭配。其他没有提到的原料也可以与山鸡椒搭配，但不建议加入太高的剂量，需酌量添加。

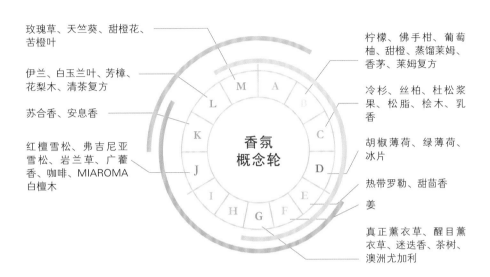

玫瑰草、天竺葵、甜橙花、苦橙叶

伊兰、白玉兰叶、芳樟、花梨木、清茶复方

苏合香、安息香

红檀雪松、弗吉尼亚雪松、岩兰草、广藿香、咖啡、MIAROMA白檀木

香氛概念轮

柠檬、佛手柑、葡萄柚、甜橙、蒸馏莱姆、香茅、莱姆复方

冷杉、丝柏、杜松浆果、松脂、桧木、乳香

胡椒薄荷、绿薄荷、冰片

热带罗勒、甜茴香

姜

真正薰衣草、醒目薰衣草、迷迭香、茶树、澳洲尤加利

M A B C D E F G H I J K L

示范配方 1

加入鲜姜精油，让配方更富变化。需注意这里的鲜姜精油不可替换为干姜精油。

山鸡椒	3g
莱姆复方或蒸馏莱姆	5g
鲜姜	2g

示范配方 2

仅有甜茴香 + 醒目薰衣草 + 红檀雪松 + 橡树苔，气味为沉稳的草本香氛，再加入山鸡椒可以为整体香气带来清新感。

甜茴香	0.5g（约15滴）
山鸡椒	3g
醒目薰衣草	4g
红檀雪松	2g
橡树苔原精	0.5g

示范配方 3

为示范配方 1 的延伸版，可以为皂带来更好的泡沫与肌肤气味表现性。需注意，这里的鲜姜精油不可替换为干姜精油。

山鸡椒	3g
莱姆复方	3g
鲜姜	2g
绅士岩兰复方	2g

香氛
概念轮
B

香茅

英文名称 Citronella
拉丁学名 *Cymbopogon nardus*

表面气味
6
●●●●●●○○

泡沫气味
5
●●●●●○○○

肌肤气味
3
●●●○○○○○

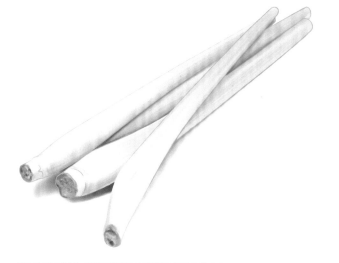

香茅、柠檬香茅、柠檬尤加利（并非香茅属）由于价格便宜、气味浓郁，成为许多皂友的基本必备精油。三者择一购买即可，建议调香初学者优先选择柠檬香茅。不过，如果将这三种精油单独使用在手工皂上，整体香气不算太宜人，还容易让人联想到防蚊产品。

基本上，香茅、柠檬香茅、柠檬尤加利都可与香氛概念轮中的各区块原料调和，差别在于调和后的气味是否好闻。一般皂友会选择像是薰衣草、佛手柑、茶树、芳樟等气味柔和的原料来调和香茅的呛味，但这样的配方效果并不好，气味也不算好闻。

建议初学者与中阶者先选择香氛概念轮中区块 M 的原料，来矫正香茅的气味，再与其他区块的原料搭配。p.59 的示范配方，以初学者较容易上手的柠檬香茅为示范，如想要用香茅替代，可以将配方中的柠檬香茅剂量降低至一半或三分之一。以柠檬香茅搭配区块 M 的原料，调出仿柠檬马鞭草的配方，请参考 p.159 的示范配方 1。

搭配建议

柠檬香茅或柠檬尤加利要搭配区块 A ~ M 的原料前，建议都先与区块 M 的原料调和。

玫瑰草、天竺葵、甜橙花、苦橙叶、α－大马酮

茉莉原精、伊兰、白玉兰叶、芳樟、花梨木、清茶复方、凡尔赛麝香复方、MIAROMA 月光素馨

苏合香、安息香、香草、环十六烯酮、海佛麝香、天使麝香复方

红檀雪松、弗吉尼亚雪松、岩兰草、广藿香、咖啡、零陵香豆素、MIAROMA 白檀木

橡树苔原精、岩玫瑰原精、麦芽酚、乙基麦芽酚、MIAROMA 清新精萃

大西洋雪松、愈创木、绅士岩兰复方

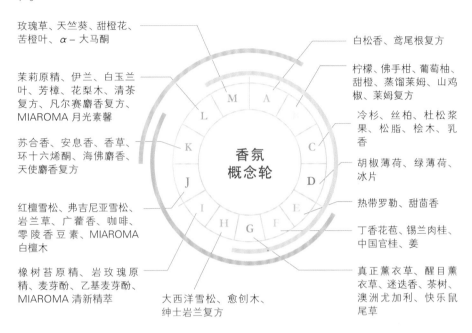

香氛概念轮

白松香、鸢尾根复方

柠檬、佛手柑、葡萄柚、甜橙、蒸馏莱姆、山鸡椒、莱姆复方

冷杉、丝柏、杜松浆果、松脂、桧木、乳香

胡椒薄荷、绿薄荷、冰片

热带罗勒、甜茴香

丁香花苞、锡兰肉桂、中国官桂、姜

真正薰衣草、醒目薰衣草、迷迭香、茶树、澳洲尤加利、快乐鼠尾草

示范配方 1

加入香氛概念轮区块 M 中的玫瑰草、甜橙花，矫正香茅、柠檬香茅、柠檬尤加利过呛的气味，摆脱对防蚊产品的印象。

柠檬香茅	5g
玫瑰草	2g
甜橙花	3g

示范配方 2

示范配方 1 的延伸变化，加入土耳其玫瑰，将气味的细致度加以提升。

柠檬香茅	3g
玫瑰草	1g
甜橙花	2g
土耳其玫瑰(见 p.163)	4g

示范配方 3

仅加入甜橙花，就足以矫正柠檬香茅过呛的气味，摆脱对柠檬香茅的原本印象。

柠檬香茅	5g
甜橙花	5g

示范配方 4

示范配方 3 的延伸变化，加入区块 M 的甜橙花矫正柠檬香茅气味，再加入区块 K 的安息香、区块的 L 伊兰，将气味的细致度加以提升。

柠檬香茅	3g
甜橙花	2g
伊兰	3g
安息香	2g

香氛
概念轮
B

纯香馥方系列 ——
莱姆复方

表面气味

6

●●●●●●○○

泡沫气味

6

●●●●●●○○

肌肤气味

3

●●●○○○○○

纯香馥方系列的莱姆复方为百分之百纯天然的复方，主要成分有卡菲尔莱姆叶、蒸馏莱姆以及天然来源带有热带水果香气的含硫芳香分子。

可以用于加强一般柑橘类精油的气味强度，让晾皂四个月后皂体表面不再仅有微弱香气，也能为香氛概念轮分类在区块C（冷杉、丝柏、杜松浆果、桧木、乳香）或是区块G（薰衣草、迷迭香、茶树、澳洲尤加利）的香氛原料在调香上带来新意，让味道不再千篇一律。

搭配建议

在加强柑橘气味上用量不必多，建议比例为柑橘类精油 3：莱姆复方 1。莱姆复方适合与香氛概念轮中各区块的原料调和，也可以和柑橘类精油调和后，再搭配咖啡色环的原料，就能制作出适合男性的古龙水手工皂香氛，可参考 p.167 的"莱姆罗勒"。

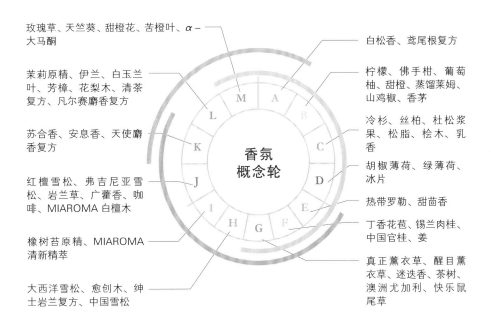

玫瑰草、天竺葵、甜橙花、苦橙叶、α-大马酮

茉莉原精、伊兰、白玉兰叶、芳樟、花梨木、清茶复方、凡尔赛麝香复方

苏合香、安息香、天使麝香复方

红檀雪松、弗吉尼亚雪松、岩兰草、广藿香、咖啡、MIAROMA 白檀木

橡树苔原精、MIAROMA 清新精萃

大西洋雪松、愈创木、绅士岩兰复方、中国雪松

白松香、鸢尾根复方

柠檬、佛手柑、葡萄柚、甜橙、蒸馏莱姆、山鸡椒、香茅

冷杉、丝柏、杜松浆果、松脂、桧木、乳香

胡椒薄荷、绿薄荷、冰片

热带罗勒、甜茴香

丁香花苞、锡兰肉桂、中国官桂、姜

真正薰衣草、醒目薰衣草、迷迭香、茶树、澳洲尤加利、快乐鼠尾草

香氛概念轮

示范配方 1

可以提振精神，带来森林般的清新的香气体验。

莱姆复方	2g
十倍甜橙	4g
澳洲尤加利	1g
松脂	3g

示范配方 2

任一柑橘类精油加上薰衣草是最常见的手工皂香气搭配，但在气味变化上过于单调，可以大胆使用一些"纯香馥方"搭配香氛概念轮中各区的原料，尝试不同的香气搭配。

莱姆复方	2g
醒目薰衣草	3g
鸢尾根复方	4g
绿薄荷	1g

示范配方 3

调和罗勒不好闻的味道，制作成适合入皂的男性古龙水香。

莱姆罗勒（请见 p.167）

冷杉

英文名称 Fir Needle
拉丁学名 *Abies sibirica*

表面气味

1.5

●◑○○○○○○○

泡沫气味

3

●●●○○○○○○

肌肤气味

1

●○○○○○○○○

冷杉（或称西伯利亚冷杉）精油使用在液体皂、扩香瓶中的效果都会比使用在手工皂中来得佳，加入手工皂后容易失去冷杉特有的冷冽、清新气味。在手工皂的调香中，建议不要单独使用，可以与茶树、桧木、澳洲尤加利、蓝桉尤加利、松脂这类予人有药感、廉价印象的精油调和，让这类精油的气味转变为宜人的芬多精气味。

搭配建议

以下建议的原料皆可以加入较高的剂量，来与冷杉搭配。其他没有提到的原料也可以与冷杉搭配，但不建议加入太高的剂量，需酌量添加。

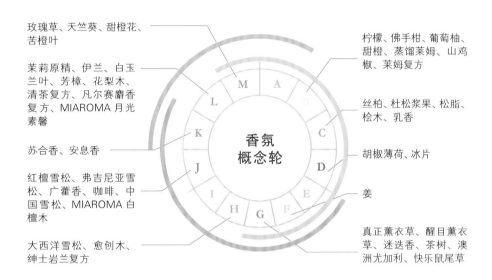

玫瑰草、天竺葵、甜橙花、苦橙叶

茉莉原精、伊兰、白玉兰叶、芳樟、花梨木、清茶复方、凡尔赛麝香复方、MIAROMA 月光素馨

苏合香、安息香

红檀雪松、弗吉尼亚雪松、广藿香、咖啡、中国雪松、MIAROMA 白檀木

大西洋雪松、愈创木、绅士岩兰复方

柠檬、佛手柑、葡萄柚、甜橙、蒸馏莱姆、山鸡椒、莱姆复方

丝柏、杜松浆果、松脂、桧木、乳香

胡椒薄荷、冰片

姜

真正薰衣草、醒目薰衣草、迷迭香、茶树、澳洲尤加利、快乐鼠尾草

香氛概念轮

示范配方 1

此配方我命名为"芬多精"，成品有大自然芬多精的清新气息。桧木建议使用"桧木林之歌"配方替代，请见 p.166。

松脂	3g
茶树	1g
桧木	2g
冷杉	4g

示范配方 2

将示范配方 1 的芬多精配方，再加入愈创木、大西洋雪松，带入木质的香气。

芬多精（示范配方1）	6g
愈创木	2g
大西洋雪松	2g

示范配方 3

将示范配方 1 再加以延伸，调和出有如"森林花园"的香味，还可加强手工皂香氛的泡沫与在肌肤上的气味表现。也可以从示范配方 1 取出 8g，加入 2g MIAROMA 月光素馨调和搭配。

芬多精（示范配方1）	3g
白玉兰叶	4g
伊兰	2g
天使麝香复方	1g

香氛
概念轮
C

丝柏

英文名称 Cypress
拉丁学名 *Cupressus sempervirens*

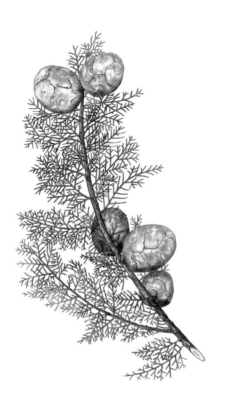

表面气味

3

●●●○○○○○

泡沫气味

3.5

●●●◐○○○○

肌肤气味

1.5

●◐○○○○○○

在香水中，品质好的丝柏精油通常与麝香、琥珀类原料调和，可以带出焚香般的神秘气味，不过加在手工皂中就没有这样的效果。但比起常见的松针类精油（像是欧洲赤松），丝柏有较好的气味表现与持久力，但不建议单独使用，建议与茶树、桧木、澳洲尤加利、蓝桉尤加利、松脂这类予人药感、廉价印象的精油调和，让这类精油的气味转变为宜人的森林感气味。冷杉与丝柏所调出的芬多精气味是完全不同的，建议大家都尝试一下。

搭配建议

以下建议的原料皆可以加入较高的剂量，来与丝柏搭配。其他没有提到的原料也可以与丝柏搭配，但不建议加入太高的剂量，需酌量添加。

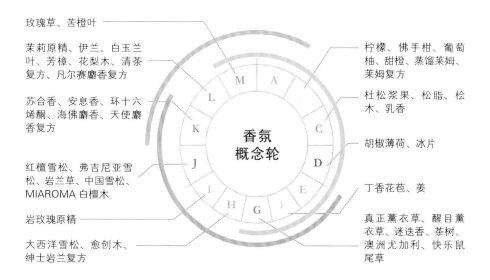

玫瑰草、苦橙叶

茉莉原精、伊兰、白玉兰叶、芳樟、花梨木、清茶复方、凡尔赛麝香复方

苏合香、安息香、环十六烯酮、海佛麝香、天使麝香复方

红檀雪松、弗吉尼亚雪松、岩兰草、中国雪松、MIAROMA 白檀木

岩玫瑰原精

大西洋雪松、愈创木、绅士岩兰复方

柠檬、佛手柑、葡萄柚、甜橙、蒸馏莱姆、莱姆复方

杜松浆果、松脂、桧木、乳香

胡椒薄荷、冰片

丁香花苞、姜

真正薰衣草、醒目薰衣草、迷迭香、茶树、澳洲尤加利、快乐鼠尾草

香氛概念轮

示范配方 1

光使用岩玫瑰原精与木质类精油，气味会过于沉重，要搭配能提振精神同时不离题的原料，故选择丝柏与乳香。

丝柏	4g
乳香	3g
岩玫瑰原精	0.5g
红檀雪松	2.5g

示范配方 2

不同于示范配方 1 沉稳、悠远的香气，此配方较为清爽、昂扬。

丝柏	4g
乳香	3g
苏合香	0.5g
MIAROMA 白檀木	2.5g

示范配方 3

延伸示范配方 1 和示范配方 2 的香气概念，还能提升皂的泡沫与肌肤气味表现，成品气味为沉静的、木质的、焚香般的中性香水调。

示范配方 1 或示范配方 2	7g
绅士岩兰复方	3g

香氛
概念轮
C

杜松浆果

英文名称 Juniper Berry
拉丁学名 *Juniperus communis*

表面气味
2
●●○○○○○○

泡沫气味
2.5
●●◐○○○○○

肌肤气味
1
●○○○○○○○

杜松浆果在手工皂调香中最实用的用法，是用来修饰常见的带有药味的精油，像是茶树、澳洲尤加利、冰片、松脂、薄荷、醒目薰衣草、樟脑等。手边有胡萝卜种子精油、白松香，不知道该如何调配的皂友，可以试试与杜松浆果或纯香馥方系列互相搭配。杜松浆果也可以用于液体皂中。

搭配建议

以下建议的原料皆可以加入较高的剂量，来与杜松浆果搭配。其他没有提到的原料也可以与杜松浆果搭配，但不建议加入太高的剂量，需酌量添加。

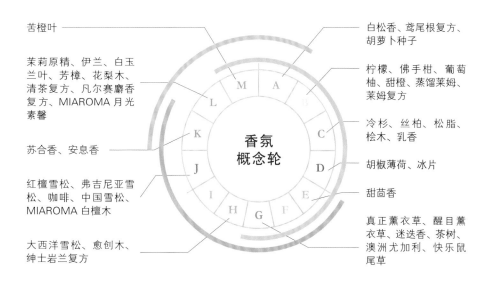

苦橙叶

白松香、鸢尾根复方、胡萝卜种子

茉莉原精、伊兰、白玉兰叶、芳樟、花梨木、清茶复方、凡尔赛麝香复方、MIAROMA 月光素馨

柠檬、佛手柑、葡萄柚、甜橙、蒸馏莱姆、莱姆复方

冷杉、丝柏、松脂、桧木、乳香

苏合香、安息香

胡椒薄荷、冰片

红檀雪松、弗吉尼亚雪松、咖啡、中国雪松、MIAROMA 白檀木

甜茴香

真正薰衣草、醒目薰衣草、迷迭香、茶树、澳洲尤加利、快乐鼠尾草

大西洋雪松、愈创木、绅士岩兰复方

香氛概念轮

示范配方 1

能带来清新的、森林感的香气。

杜松浆果	5g
松脂	3g
迷迭香	1g
醒目薰衣草	1g

示范配方 2

能带来中性、略有凉感的草本和木质味道。

杜松浆果	3g
苦橙叶	4g
岩兰草	2g
白松香	0.5g
冰片	0.5g

示范配方 3

由于胡萝卜种子精油的价格较为昂贵，且加入冷制皂中会破坏其成分效果，故建议用于液体皂。
此配方闻起来带有宝宝肌肤般柔软的粉感香气，微量的胡萝卜种子与白松香赋予配方一点绿意。

胡萝卜种子	0.2g（约10滴）
白松香	0.1g（约5滴）
杜松浆果	3g
鸢尾根复方	5g
凡尔赛麝香复方	2g

松脂

英文名称 Pine Oil
拉丁学名 *Pinus sylvestris*

表面气味

5

●●●●●○○○

泡沫气味

5

●●●●●○○○

肌肤气味

1

●○○○○○○○○

松脂精油并非松香油、香蕉油，常见的是混合多种松针类精油蒸馏而成，多数为学名 *Pinus sylvestris* 的种类。松脂多用于溶剂，可以使用在手工皂调香中，但请勿用于薰香、液体皂，因为该原料容易刺激呼吸道。在手工皂调香中它能够弥补多数精油无法带出芬多精般新鲜气味的缺点。建议将它与区块B、C、G 的原料搭配，能够强化这几类原料入皂后的皂体表面气味表现。不建议单独使用，因为成皂香气会给人较廉价的感觉。

搭配建议

以下建议的原料皆可以加入较高的剂量，来与松脂搭配。其他没有提到的原料也可以与松脂搭配，但不建议加入太高的剂量，需酌量添加。

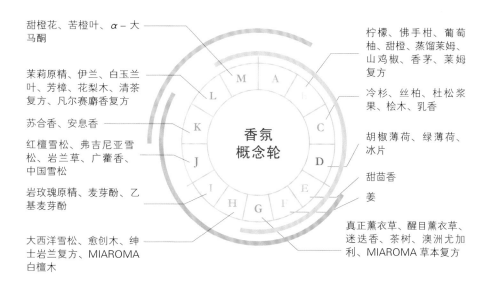

甜橙花、苦橙叶、α–大马酮

茉莉原精、伊兰、白玉兰叶、芳樟、花梨木、清茶复方、凡尔赛麝香复方

苏合香、安息香

红檀雪松、弗吉尼亚雪松、岩兰草、广藿香、中国雪松

岩玫瑰原精、麦芽酚、乙基麦芽酚

大西洋雪松、愈创木、绅士岩兰复方、MIAROMA 白檀木

柠檬、佛手柑、葡萄柚、甜橙、蒸馏莱姆、山鸡椒、香茅、莱姆复方

冷杉、丝柏、杜松浆果、桧木、乳香

胡椒薄荷、绿薄荷、冰片

甜茴香

姜

真正薰衣草、醒目薰衣草、迷迭香、茶树、澳洲尤加利、MIAROMA 草本复方

示范配方 1

甜橙花可柔和松脂与山鸡椒或柠檬香茅的强烈气味，再搭配上鲜姜精油，增加气味的变化性。整体为清新、辛香、提振精神的气味。

鲜姜	2g
甜橙花	1g
松脂	5g
山鸡椒（或柠檬香茅）	2g

示范配方 2

清凉的薄荷，配上带有森林气息的松脂及大西洋雪松，我将它命名为"微风森林"，适合手边香氛原料不多的皂友参考。即使只有 4 种原料，皂体气味表现仍佳。

绿薄荷	1g
胡椒薄荷	4g
松脂	4g
大西洋雪松	1g

示范配方 3

将示范配方 1 加以延伸变化，可提升皂的泡沫与肌肤气味表现性。

示范配方 1	17g
MIAROMA 草本复方	3g

香氛
概念轮

C

桧木

英文名称 Hinoki

拉丁学名 *Chamaecyparis obtusa*

表面气味

2

●●○○○○○○

泡沫气味

2.5

●●◐○○○○○

肌肤气味

1

●○○○○○○○

台湾桧木木质坚韧、香气独特，可谓台湾一宝，但因此被滥伐而濒临绝种。

我们不鼓励香友们购买桧木制品，包括精油。它的香气并非无可替代，且入皂的气味除了失去桧木特有的穿透性外，香气及其他方面表现都不好。我们可以通过用其他精油调制成复方的方式来替代，除了替代其气味外，此配方的皂体气味表现更佳。详见 p.166 "桧木林之歌"。

搭配建议

桧木精油常与区块 C、D、G 中的精油互相搭配，但这样的搭配方式会加重这 3 个区块的精油予人的药味印象。建议以 p.166 " 桧木林之歌 " 替代桧木精油使用，可以大幅改善成皂气味。

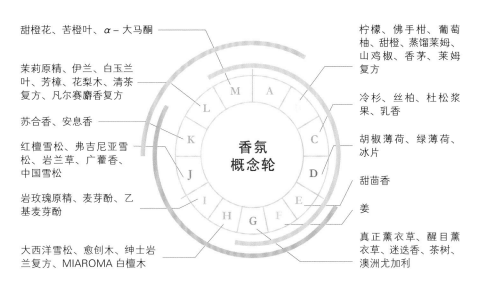

甜橙花、苦橙叶、α – 大马酮

茉莉原精、伊兰、白玉兰叶、芳樟、花梨木、清茶复方、凡尔赛麝香复方

苏合香、安息香

红檀雪松、弗吉尼亚雪松、岩兰草、广藿香、中国雪松

岩玫瑰原精、麦芽酚、乙基麦芽酚

大西洋雪松、愈创木、绅士岩兰复方、MIAROMA 白檀木

香氛概念轮

柠檬、佛手柑、葡萄柚、甜橙、蒸馏莱姆、山鸡椒、香茅、莱姆复方

冷杉、丝柏、杜松浆果、乳香

胡椒薄荷、绿薄荷、冰片

甜茴香

姜

真正薰衣草、醒目薰衣草、迷迭香、茶树、澳洲尤加利

示范配方 1

桧木林之歌除了适合搭配区块 C、D、G、H 的原料外，还可以尝试与区块 L、M 的花香原料搭配，尤其是白玉兰叶、微量的伊兰或微量的 MIAROMA 月光素馨。

1–1	桧木林之歌	6g
	白玉兰叶	4g
1–2	桧木林之歌	6g
	白玉兰叶	3g
	伊兰	1g
1–3	桧木林之歌	9.5g
	MIAROMA月光素馨	0.5g

示范配方 2

此香氛配方适合做草本皂（如广藿香皂、草药皂等），使用桧木林之歌复方会比用单方桧木或其他单方木质精油，在整体气味上来得丰富而平衡。

桧木林之歌	6g
胡椒薄荷	3g
冰片	1g

示范配方 3

此款配方适合男性木质香氛皂，还能改善皂的泡沫与肌肤气味表现。

| 桧木林之歌 | 6g |
| MIAROMA 白檀木 | 4g |

香氛概念轮 C

乳香

英文名称 Frankincense
拉丁学名 *Boswellia carterii*

表面气味
3
●●●○○○○○○

泡沫气味
3.5
●●●◐○○○○○

肌肤气味
1.5
●◐○○○○○○○

多数香友购买乳香是因为两个原因：一为具有定香效果；另一为可搭配出芬多精气味。而好品质的乳香精油入皂后皂体气味表现性佳，确实要推荐给皂友们。

手工皂调香的重点并非定香，定香仅是辅助，整体配方气味强度不够，即使加入再多的定香精油，晾皂后的成品依然不具识别度甚至只剩微弱的香气。况且，并没有所谓的万用定香精油，而是应该重视整体配方气味的协调，以此来考虑要添加何种具备定香功能的精油。因此，加入乳香的配方，应思考的是乳香在其中扮演的是协调气味还是增加面向的角色，而非仅仅将乳香视为定香剂。

搭配建议

乳香精油可以用来柔和松脂与莱姆过于尖锐、突兀的气味，将乳香与松脂或乳香与莱姆1：1调和后，再加入香氛概念轮区块C、D、G中常用的精油，能够配出轻扬、让人振奋的芬多精气味。

以下建议的原料皆可以加入较高的剂量，来与乳香搭配。其他没有提到的原料也可以与乳香搭配，但不建议加入太高的剂量，需酌量添加。

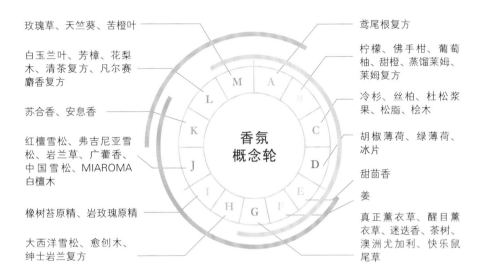

玫瑰草、天竺葵、苦橙叶

白玉兰叶、芳樟、花梨木、清茶复方、凡尔赛麝香复方

苏合香、安息香

红檀雪松、弗吉尼亚雪松、岩兰草、广藿香、中国雪松、MIAROMA白檀木

橡树苔原精、岩玫瑰原精

大西洋雪松、愈创木、绅士岩兰复方

鸢尾根复方

柠檬、佛手柑、葡萄柚、甜橙、蒸馏莱姆、莱姆复方

冷杉、丝柏、杜松浆果、松脂、桧木

胡椒薄荷、绿薄荷、冰片

甜茴香

姜

真正薰衣草、醒目薰衣草、迷迭香、茶树、澳洲尤加利、快乐鼠尾草

香氛概念轮

示范配方 1

用两种精油所调配出的基础配方。

乳香	4g
大西洋雪松	6g

示范配方 2

加强示范配方1的气味，使皂体气味表现更加清新。

松脂或蒸馏莱姆	3g
乳香	4g
大西洋雪松	3g

示范配方 3

中性香水调的配方，能改善皂的泡沫与肌肤气味表现。

乳香	6g
鸢尾根复方	3g
凡尔赛麝香复方	0.5g
岩玫瑰原精或精油	0.5g

香氛
概念轮
D

胡椒薄荷

英文名称 Peppermint
拉丁学名 *Mentha × piperita*

表面气味

4

●●●●○○○○

泡沫气味

4

●●●●○○○○

肌肤气味

1.5

●◐○○○○○○

手工皂调香首先要注重的是入皂后的气味强度，而非其音阶或快、中、慢板分类（可参考 p.33 香氛概念轮的调香步骤教学）。像是胡椒薄荷是属于高音或快板的精油，实际入皂后发现，晾皂半年后皂体表面仍带有薄荷香气，香味持久。

如果喜欢具凉感的手工皂，除了添加高比例薄荷精油外，还可以加入一些薄荷脑与澳洲尤加利，提升整体凉度，但这样的配方会带来草本药皂的感觉，要协调薄荷的药味，光加入冷杉、杜松浆果或乳香效果是不够的，建议加入一些摩洛哥洋甘菊（Ormensis multicauli）、鼠尾草（Salvia officinalis），注意鼠尾草（Sage）并非快乐鼠尾草，两者也无法相互替代使用。

搭配建议

以下建议的原料皆可以加入较高的剂量，来与胡椒薄荷搭配。其他没有提到的原料建议调和为复方后，酌量使用。

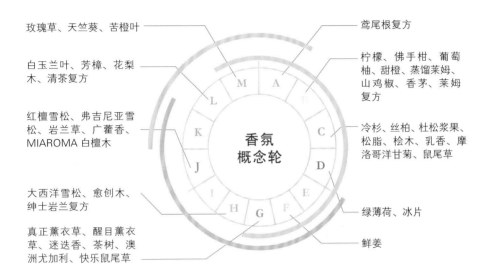

玫瑰草、天竺葵、苦橙叶

白玉兰叶、芳樟、花梨木、清茶复方

红檀雪松、弗吉尼亚雪松、岩兰草、广藿香、MIAROMA 白檀木

大西洋雪松、愈创木、绅士岩兰复方

真正薰衣草、醒目薰衣草、迷迭香、茶树、澳洲尤加利、快乐鼠尾草

香氛概念轮

鸢尾根复方

柠檬、佛手柑、葡萄柚、甜橙、蒸馏莱姆、山鸡椒、香茅、莱姆复方

冷杉、丝柏、杜松浆果、松脂、桧木、乳香、摩洛哥洋甘菊、鼠尾草

绿薄荷、冰片

鲜姜

示范配方 1

运用皂友常使用的几款精油，搭配出舒服的草本香气。

胡椒薄荷	3g
广藿香	1g
迷迭香	3g
醒目薰衣草	3g

示范配方 2

示范配方 1 的延伸变化。加入鼠尾草，适量用于修饰的橡树苔与零陵香豆素（粉末状，无法以毫升数或滴数计算），可以将原本的草本气味转变为适合入皂的香水气味。

示范配方 1	5.5g
零陵香豆素	0.5g
鼠尾草	3g
橡树苔原精	1g

示范配方 3

示范配方 2 的延伸变化。加入了凡尔赛麝香复方，除了皂体表面的气味扩散力会更好以外，还能让沐浴后香气更久停留在肌肤上。

示范配方 2	9g
凡尔赛麝香复方	1g

香氛
概念轮
D

绿薄荷

英文名称 Spearmint
拉丁学名 *Mentha spicata*

表面气味
8
●●●●●●●●

泡沫气味
6
●●●●●●○○

肌肤气味
6.5
●●●●●●●○○

大家很熟悉的绿箭口香糖，就是绿薄荷的气味。在香水中添加时，绿薄荷通常是微量使用，让气味前调带来植物的绿意、清新；在手工皂调香中，低剂量使用可以调整像是罗勒、姜、香茅、山鸡椒的气味，而高剂量绿薄荷的气味强度与皂体表面气味表现都非常好，是皂友必备的调香原料。

搭配建议

以下建议的原料皆可以加入较高的剂量，来与绿薄荷搭配。其他没有提到的原料也可以与绿薄荷搭配，但不建议加入太高的剂量，需酌量添加。

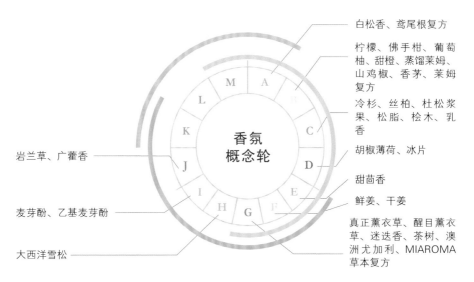

白松香、鸢尾根复方

柠檬、佛手柑、葡萄柚、甜橙、蒸馏莱姆、山鸡椒、香茅、莱姆复方

冷杉、丝柏、杜松浆果、松脂、桧木、乳香

胡椒薄荷、冰片

甜茴香

鲜姜、干姜

真正薰衣草、醒目薰衣草、迷迭香、茶树、澳洲尤加利、MIAROMA草本复方

岩兰草、广藿香

麦芽酚、乙基麦芽酚

大西洋雪松

示范配方 1

选择皂体气味强度分数差不多的莱姆与绿薄荷（同色环）搭配，使绿薄荷的气味不会过于突兀，成皂闻起来也才不会很像薄荷口香糖。加入适量乙基麦芽酚，让气味更加活泼。

绿薄荷	4.5g
蒸馏莱姆	5g
乙基麦芽酚	0.5g

示范配方 2

示范配方 1 是以绿色环为主，调配出清新、提振的气味，示范配方 2 同样选择皂体气味强度分数差不多的原料，但以咖啡色环原料为主，调配出沉稳中透着清新薄荷味的香气。

绿薄荷	5g
岩兰草	3.5g
干姜／鲜姜	1g
乙基麦芽酚	0.5g

示范配方 3

参考市售男性香水，调整为适合入皂、适合夏天的清凉配方。皂体香气、泡沫与肌肤表现性均佳，入皂比例约 2%，成皂香气可以持续半年以上。

绿薄荷	4g
岩兰草	2.5g
佛手柑	1g
热带罗勒 或	0.2g
芳樟醇罗勒	0.5g
乙基麦芽酚	0.5g
零陵香豆素	0.5g
凡尔赛麝香复方	1g

冰片（龙脑）

英文名称 Borneol

拉丁学名 *Dryobalanops aromatica Gaertn. f.*

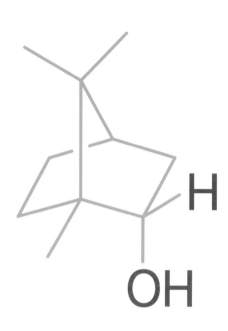

H

OH

▲ 冰片结构式

表面气味

8

●●●●●●●●

泡沫气味

7

●●●●●●●○

肌肤气味

7

●●●●●●●○

薄荷脑与冰片皆为单体的一种，两种均可从天然来源获得或以天然原料经过合成而取得。比起薄荷脑，冰片的气味更适合微量添加，用于修饰芬多精气味配方。强劲的气味也让它适合与气味重、不好调和的精油搭配，例如姜、罗勒、甜茴香等。

搭配建议

以下建议的原料皆可以加入较高的剂量，来与冰片搭配。其他没有提到的原料也可以与冰片搭配，但不建议加入太高的剂量，需酌量添加。

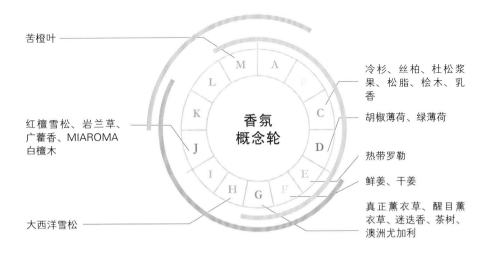

苦橙叶

红檀雪松、岩兰草、广藿香、MIAROMA 白檀木

大西洋雪松

香氛概念轮

冷杉、丝柏、杜松浆果、松脂、桧木、乳香

胡椒薄荷、绿薄荷

热带罗勒

鲜姜、干姜

真正薰衣草、醒目薰衣草、迷迭香、茶树、澳洲尤加利

示范配方 1

如果只用冰片搭配区块 G 的原料，闻起来易有药味感。建议以此配方为基础，再加入区块 G 的原料，避免药味。

苦橙叶	5g
冰片	1g
广藿香	3g
热带罗勒 或	0.5g
芳樟醇罗勒	1g
零陵香豆素	0.5g

示范配方 2

利用冰片也能搭配清新森林、木质的气味配方。

松脂	2g
柠檬	1g
冰片	1g
鲜姜	1g
山鸡椒	2g
桧木林之歌（见 p.166）	3g

示范配方 3

加入绅士岩兰复方，可以加强成皂的泡沫与肌肤气味表现。

醒目薰衣草	3g
澳洲尤加利	2g
苦橙叶	1g
红檀雪松	3.5g
冰片	0.5g
绅士岩兰复方	2g

热带罗勒

英文名称 Basil Tropical
拉丁学名 *Ocimum basilicum*

表面气味
8
●●●●●●●●○○

泡沫气味
8
●●●●●●●●○○

肌肤气味
7
●●●●●●●○○○

热带罗勒即是台湾常见的九层塔，其浓郁的气味来自高比例的甲基醚蒌叶酚，虽然它的价格比甜罗勒（芳樟醇罗勒）便宜，但浓郁的气味限制了它在调香中的搭配方式与比例。

手边原料种类较少的初学者，可先入手甜罗勒，它较容易与现有精油搭配。搭配比例上，建议热带罗勒在手工皂香氛配方中为 3% 以下，芳樟醇罗勒 5%。不过初学者可使用 1%，先熟悉罗勒于配方中的效果，再慢慢增加比例（整体香氛配方 10g 来说，罗勒 1% 为 0.1g，其他精油 9.9g；罗勒 3% 为 0.3g，其他精油 9.7g，以此类推）。

搭配建议

以下建议的原料皆可以加入较高的剂量，来与热带罗勒、甜罗勒搭配。其他没有提到的原料也可以与热带罗勒、甜罗勒搭配，但不建议加入太高的剂量，需酌量添加。

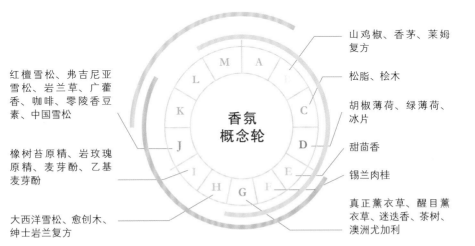

红檀雪松、弗吉尼亚雪松、岩兰草、广藿香、咖啡、零陵香豆素、中国雪松

橡树苔原精、岩玫瑰原精、麦芽酚、乙基麦芽酚

大西洋雪松、愈创木、绅士岩兰复方

山鸡椒、香茅、莱姆复方

松脂、桧木

胡椒薄荷、绿薄荷、冰片

甜茴香

锡兰肉桂

真正薰衣草、醒目薰衣草、迷迭香、茶树、澳洲尤加利

示范配方 1

给初学者的示范配方。以甜罗勒调和出好闻的味道。

佛手柑	4g
甜罗勒（芳樟醇罗勒）	0.5g
岩兰草	1g
红檀雪松	4g
零陵香豆素	0.5g

示范配方 2

给初学者的示范配方。以热带罗勒调和出好闻的味道。

锡兰肉桂	0.5g
热带罗勒	0.2g
甜橙花	3g
十倍甜橙	3g
松脂	3g
乙基麦芽酚	0.5g

示范配方 3

橡树苔原精与乙基麦芽酚可修饰罗勒，拥有画龙点睛的效果。可以此配方为基础，再加入绿色环中区块 B、G 的原料。

热带罗勒	0.3g
岩兰草	3g
苦橙叶	5g
乙基麦芽酚	0.5g
橡树苔原精	1g

甜茴香

英文名称 Fennel
拉丁学名 *Foeniculum vulgare*

表面气味

7

●●●●●●●○

泡沫气味

7

●●●●●●●○

肌肤气味

3.5

●●●◗○○○○

分类在香氛概念轮中区块 E 的原料：罗勒与甜茴香，对初学者而言都是不容易驾驭的原料，建议先少量购买，熟悉它们的气味后，会发现区块 E 原料可以为你的配方气味带来更多变化。区块 E 原料在配方中不建议加入过高比例，初学者可以选择气味强度相近的精油进行调和，像是甜茴香，皂体表面气味评比为 7，可以选择 6 ~ 8 的原料与之调和，最后再辅以其他评分较低但好闻的原料来做修饰。

要注意的是如果将甜茴香与绿薄荷、薄荷、澳洲尤加利、迷迭香、茶树等精油做搭配，整体气味闻起来会像是消胀气的油膏。建议尝试将甜茴香与区块 L、M 中的花香原料做搭配，甜茴香用量建议控制在整体香氛配方的 0.5% ~ 1%（整体香氛配方 10g ＝甜茴香 0.5% 即 0.05g ＋其他精油 9.95g）。

搭配建议

以下建议的原料皆可与甜茴香（初学者请将用量控制在整体配方比例的 0.5% ~ 1%）做搭配。建议使用精密秤测量，如果手边没有精密秤，可约略计算：其他精油 10g + 甜茴香 2 ~ 3 滴。

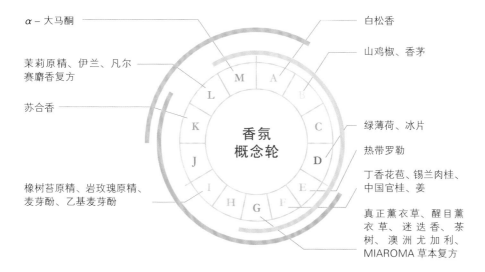

α – 大马酮

茉莉原精、伊兰、凡尔赛麝香复方

苏合香

橡树苔原精、岩玫瑰原精、麦芽酚、乙基麦芽酚

香氛概念轮

L M A B C D E F G H I J K

白松香

山鸡椒、香茅

绿薄荷、冰片

热带罗勒

丁香花苞、锡兰肉桂、中国官桂、姜

真正薰衣草、醒目薰衣草、迷迭香、茶树、澳洲尤加利、MIAROMA 草本复方

示范配方 1

此配方可借由甜茴香让花香变化更为丰富。可选择大西洋雪松或鼠尾草作为修饰原料。

甜茴香	0.1g（约5滴）
伊兰	5g
α – 大马酮	10滴（约0.2g）
醒目薰衣草 或	5g
真正薰衣草	5g
大西洋雪松 或	2g
鼠尾草（Sage）	0.5g

示范配方 2

此配方可增加玫瑰香气的变化，加强皂体的泡沫与肌肤气味表现性。

甜茴香	10滴（约0.2g）
土耳其玫瑰（请见 p.163）	4g
伊兰	3.5g
凡尔赛麝香复方	2g
零陵香豆素	0.5g

示范配方 3

参考市售男性香水，调整为适合男性气质的入皂配方。

甜茴香	10滴（约0.2g）
橡树苔原精	1g
醒目薰衣草	4.5g
甜橙花	2g
零陵香豆素	0.5g
天使麝香复方	2g

香氛概念轮 F

丁香花苞

英文名称 Clove Bud
拉丁学名 *Eugenia caryophyllata*

表面气味

8

●●●●●●●●○○

泡沫气味

8

●●●●●●●●○○

肌肤气味

8

●●●●●●●●○○

分类在 F 区块的原料，除非使用者或是消费者本身非常喜欢它的气味，否则不建议单独入皂使用。建议初学者先与下列原料调和为复方后，再按照自己喜欢的气味或是主题来搭配，降低失败率。

丁香花苞：α – 大马酮 = 2：8
锡兰肉桂：甜橙花 = 1：9
中国官桂：凡尔赛麝香复方 = 0.5：9.5
中国官桂：MIAROMA 清新精萃 =2：8
干姜：岩玫瑰原精 = 0.5：9.5
鲜姜：山鸡椒 = 1：9

搭配建议

丁香花苞入皂后，药味会随着晾皂时间变长而减轻，香气会变得越来越甜。初学者建议比例为整体香氛配方的 0.5%（整体配方的 0.5% = 其他精油 9.95g+ 丁香花苞 0.05g），可以与玫瑰香型精油做搭配或适量加入前面男性调香氛（丁香花苞用量为整体配方的 0.5% ～ 1%）的示范配方。

以下原料在本体气味与皂体气味表现上，皆适合与丁香花苞搭配。其他没有提到的原料，视配方整体气味选用与决定剂量。

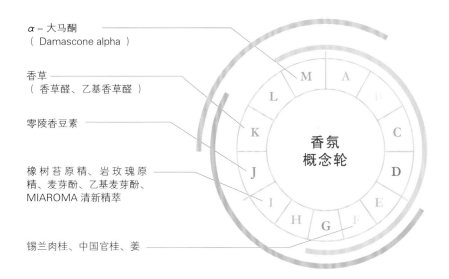

α－大马酮
（Damascone alpha）

香草
（香草醛、乙基香草醛）

零陵香豆素

橡树苔原精、岩玫瑰原精、麦芽酚、乙基麦芽酚、MIAROMA 清新精萃

锡兰肉桂、中国官桂、姜

香氛概念轮

示范配方 1

以乙基香草醛调和丁香花苞气味后，加入一些清新的柑橘、花香元素，再用凡尔赛麝香复方让整体气味扩散力与表现更好。

柠檬	4g
迷迭香	3g
甜橙花	2g
丁香花苞	0.1g（约5滴）
乙基香草醛	0.2g
凡尔赛麝香复方	1g

示范配方 2

以 α－大马酮矫正丁香花苞气味，再加入鸢尾根复方与凡尔赛麝香复方，整体气味优雅而宜人。

丁香花苞	10滴
α－大马酮	0.5g
鸢尾根复方	6g
凡尔赛麝香复方	3g

示范配方 3

此为示范配方 1 的变化，加入橡树苔原精与零陵香豆素后，整体气味会由清新中性香氛转为适合男性用的沉稳香氛。

示范配方 1	8.5g
橡树苔原精	1g
零陵香豆素	0.5g

锡兰肉桂

英文名称 Ceylon Cinnamon
拉丁学名 *Cinnamomum verum*

表面气味

8

●●●●●●●●○○

泡沫气味

8

●●●●●●●●○○

肌肤气味

8

●●●●●●●●○○

锡兰肉桂的香气让许多初学者觉得它是难以驾驭的原料，可以先以甜橙花9：锡兰肉桂 1 的比例调和后，再加入其他柑橘类精油，这样较容易调香。与香草醛或乙基香草醛调和后，再与区块 I、J 的原料搭配，就能增加木质香调的变化性。

初学者使用锡兰肉桂调香，建议使用比例为整体香氛配方的 1% 以内（举例来说：整体香氛配方 10g 时，其他精油 9.9g+ 锡兰肉桂 0.1g ）。

搭配建议

以下建议的原料皆可以加入较高的剂量，来与锡兰肉桂搭配。其他没有提到的原料也可以与锡兰肉桂搭配，但不建议加入太高的剂量，需酌量添加。

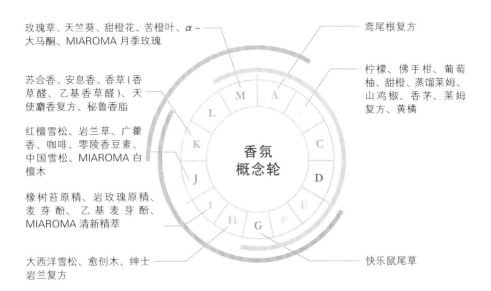

玫瑰草、天竺葵、甜橙花、苦橙叶、α-大马酮、MIAROMA 月季玫瑰

苏合香、安息香、香草(香草醛、乙基香草醛)、天使麝香复方、秘鲁香脂

红檀雪松、岩兰草、广藿香、咖啡、零陵香豆素、中国雪松、MIAROMA 白檀木

橡树苔原精、岩玫瑰原精、麦芽酚、乙基麦芽酚、MIAROMA 清新精萃

大西洋雪松、愈创木、绅士岩兰复方

鸢尾根复方

柠檬、佛手柑、葡萄柚、甜橙、蒸馏莱姆、山鸡椒、香茅、莱姆复方、黄橘

快乐鼠尾草

示范配方 1

此配方带有节庆糖果的气味，以此配方为基础，可再加入其他木质原料（区块 J）做变化。

十倍甜橙	3g
柠檬	1g
锡兰肉桂	1g
芫荽种子	0.5g
甜橙花	1g
蒸馏莱姆	2g
乙基麦芽酚	0.5g
乙基香草醛	1.5g

示范配方 2

加入凡尔赛麝香复方，可以让肉桂与木质原料的香气更加协调。

锡兰肉桂	0.5g
乙基麦芽酚	0.5g
中国雪松	5g
岩兰草	2g
凡尔赛麝香复方	2g

示范配方 3

示范配方 2 的变化，在木质辛香的基础上加入一点花果香做变化。

示范配方 2	10g
α-大马酮	15 滴

香氛概念轮 F

中国官桂

英文名称 Cassia Bark
拉丁学名 *Cinnamomum cassia*

表面气味

8

●●●●●●●●○○

泡沫气味

8

●●●●●●●●○○

肌肤气味

7

●●●●●●●○○○

对初学者而言，中国官桂的气味比锡兰肉桂更难驾驭，主要是因为官桂多了苦杏仁的药味。建议初学者使用 MIAROMA 清新精萃 9：中国官桂 1 的比例（或 8：2）做搭配，中和中国官桂带有轻微消毒水药味的印象，此配方适合再继续加入区块 B、H、I、J、K 的原料调和。

搭配建议

以下建议的原料皆可以加入较高的剂量，来与中国官桂搭配。其他没有提到的原料也可以与中国官桂搭配，但不建议加入太高的剂量，需酌量添加。

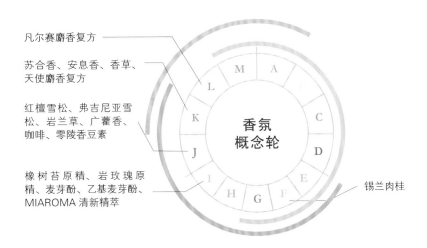

凡尔赛麝香复方

苏合香、安息香、香草、天使麝香复方

红檀雪松、弗吉尼亚雪松、岩兰草、广藿香、咖啡、零陵香豆素

橡树苔原精、岩玫瑰原精、麦芽酚、乙基麦芽酚、MIAROMA 清新精萃

香氛概念轮

锡兰肉桂

示范配方 1

挑选同一色环（咖啡色环）中的原料，找出皂体气味表现分数差不多的原料（零陵香豆素）做搭配，辅以凡尔赛麝香让气味更柔和、协调。

中国官桂	0.5g
凡尔赛麝香复方	9g
零陵香豆素	0.5g

示范配方 2

在示范配方 1 的基础上加入花果香做变化。

示范配方 1	9g
α - 大马酮	1g

示范配方 3

在示范配方 2 的基础上加入深沉的木质香气。

示范配方 2	3g
红檀雪松	4g
大西洋雪松	3g

香氛概念轮 F

姜

英文名称 Ginger
拉丁学名 *Zingiber officinalis*

姜精油的萃取部位为根部，以新鲜的姜根部或是干燥后的姜根部为来源，萃取的精油气味与调香用途迥异。鲜姜精油气味带有柑橘的清新；干姜精油的气味则是厚实中带有一点木质气息与辛香。建议初学者购买鲜姜（fresh ginger）精油，调香难度较低，也可以参考香氛概念轮区块 B 的配方。（右图为鲜姜精油香气评分。）

表面气味
2.5
●●◑○○○○○○

泡沫气味
2.5
●●◑○○○○○○

肌肤气味
1
●○○○○○○○○

搭配建议——鲜姜

以下原料皆可以加入较高的剂量，来与鲜姜精油搭配。其他没有提到的原料也可以与鲜姜精油搭配，但不建议加入太高的剂量，需酌量添加。

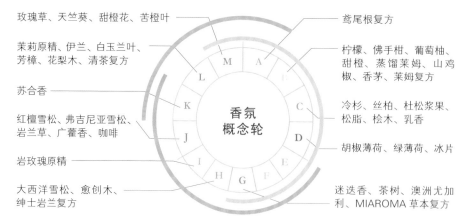

玫瑰草、天竺葵、甜橙花、苦橙叶

茉莉原精、伊兰、白玉兰叶、芳樟、花梨木、清茶复方

苏合香

红檀雪松、弗吉尼亚雪松、岩兰草、广藿香、咖啡

岩玫瑰原精

大西洋雪松、愈创木、绅士岩兰复方

鸢尾根复方

柠檬、佛手柑、葡萄柚、甜橙、蒸馏莱姆、山鸡椒、香茅、莱姆复方

冷杉、丝柏、杜松浆果、松脂、桧木、乳香

胡椒薄荷、绿薄荷、冰片

迷迭香、茶树、澳洲尤加利、MIAROMA 草本复方

香氛概念轮

搭配建议——干姜（老姜）

以下建议的原料皆可以加入较高的剂量，来与干姜精油搭配。其他没有提到的原料建议调和为复方后，酌量修饰使用。初学者使用干姜精油时，建议比例为整体香氛配方的 5% 以下，或是利用岩玫瑰原精或精油，协调其气味，也可以使用绅士岩兰替代岩玫瑰，气味上会有不同的效果。

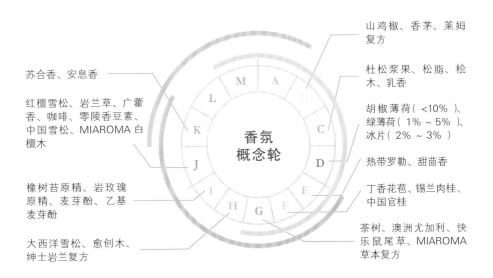

苏合香、安息香

红檀雪松、岩兰草、广藿香、咖啡、零陵香豆素、中国雪松、MIAROMA 白檀木

橡树苔原精、岩玫瑰原精、麦芽酚、乙基麦芽酚

大西洋雪松、愈创木、绅士岩兰复方

香氛概念轮

山鸡椒、香茅、莱姆复方

杜松浆果、松脂、桧木、乳香

胡椒薄荷（<10%）、绿薄荷（1%～5%）、冰片（2%～3%）

热带罗勒、甜茴香

丁香花苞、锡兰肉桂、中国官桂

茶树、澳洲尤加利、快乐鼠尾草、MIAROMA 草本复方

示范配方 1

加入干姜精油，能为岩玫瑰与红檀雪松的木质气息带来更为古朴、特殊的气味。

干姜	0.5g
岩玫瑰原精	6g
红檀雪松	3.5g

示范配方 2

干净而温暖的麝香木质香气，搭配牧草的清甜。干姜古朴带着辛香的特质，让整体气味的层次感更明显。

干姜	0.2g
零陵香豆素	0.5g
快乐鼠尾草	5g
大西洋雪松	1g
天使麝香复方	3g

示范配方 3

以绅士岩兰复方代替岩玫瑰，并加入杜松浆果，让整体气味有如雨后森林般清新。

杜松浆果	3g
岩兰草	2g
干姜	0.5g
安息香	3g
绅士岩兰复方	2g

香氛
概念轮
G

真正薰衣草

英文名称 Lavender
拉丁学名 *Lavandula angustifolia*

表面气味

3

●●●○○○○○○

泡沫气味

3

●●●○○○○○○

肌肤气味

2

●●○○○○○○○

高海拔的薰衣草或是保加利亚薰衣草的酯类含量高，在价格上比真正薰衣草或醒目薰衣草昂贵，气味上带有新鲜龙眼的香气与金属感，这样的气味特色在香水中能够显现，但在手工皂中却完全无法表现。入皂约 6 个月后，酯类含量越高的薰衣草气味会越微弱，建议入皂选择真正薰衣草或是醒目薰衣草。

搭配建议

以下建议的原料皆可以加入较高的剂量，来与真正薰衣草搭配。其他没有提到的原料也可以与真正薰衣草搭配，但不建议加入太高的剂量，需酌量添加。

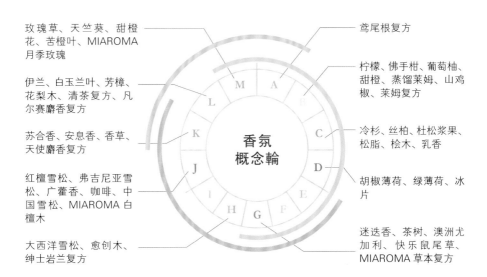

玫瑰草、天竺葵、甜橙花、苦橙叶、MIAROMA月季玫瑰

伊兰、白玉兰叶、芳樟、花梨木、清茶复方、凡尔赛麝香复方

苏合香、安息香、香草、天使麝香复方

红檀雪松、弗吉尼亚雪松、广藿香、咖啡、中国雪松、MIAROMA 白檀木

大西洋雪松、愈创木、绅士岩兰复方

鸢尾根复方

柠檬、佛手柑、葡萄柚、甜橙、蒸馏莱姆、山鸡椒、莱姆复方

冷杉、丝柏、杜松浆果、松脂、桧木、乳香

胡椒薄荷、绿薄荷、冰片

迷迭香、茶树、澳洲尤加利、快乐鼠尾草、MIAROMA 草本复方

香氛概念輪

示范配方 1

一般真正薰衣草搭配木质精油，最常见的问题就是在香气上不具变化与辨识性，此配方跳出框架，带点烟熏感的木质气味与薰衣草的甜味，两者协调，互相加分。

真正薰衣草	5g
愈创木	4g
中国雪松	1g
零陵香豆素	0.2g

示范配方 2

另一个跳出以往框架的薰衣草配方，搭配上木质精油做出变化。

真正薰衣草	4g
快乐鼠尾草	3g
伊兰	1g
大西洋雪松	2g

示范配方 3

示范配方 2 的延伸变化。加入绅士岩兰复方，可加强木质香气，并为成皂带来更好的泡沫与肌肤气味表现。

示范配方 2	7g
绅士岩兰复方	3g

醒目薰衣草

英文名称 Lavandin
拉丁学名 *Lavandula intermedia*

醒目薰衣草入皂的气味表现较真正薰衣草佳。醒目薰衣草入皂最常见的两个问题：一是其气味较凉，没有真正薰衣草的甜味；二是调配为复方后，晾皂后可观察到即使是配方不同，但散发出的气味却极为相似。

醒目薰衣草、真正薰衣草、澳洲尤加利、迷迭香为众多皂友们最常使用的四种精油，常见搭配不外乎：真正薰衣草（或醒目薰衣草）+澳洲尤加利或是真正薰衣草（或醒目薰衣草）+迷迭香，不论是哪一个配方，常带给人的气味印象就是较为温和，或是较凉的草本感，总而言之，就是闻得出配方里有薰衣草的味道，可是却没有特色，即使精油配方不同，闻起来也很类似。

因此，在使用这四种精油调香时，建议将配方的气味主题区分明显，以避免调出让人觉得气味类似的皂。

表面气味
4
●●●●○○○○○

泡沫气味
4
●●●●○○○○○

肌肤气味
2
●●○○○○○○○

搭配建议

以下建议的原料皆可以加入较高的剂量，来与醒目薰衣草搭配。其他没有提到的原料也可以与醒目薰衣草搭配，但不建议加入太高的剂量，需酌量添加。

玫瑰草、天竺葵、甜橙花、苦橙叶、MIAROMA 月季玫瑰

伊兰、白玉兰叶、芳樟、花梨木、清茶复方、凡尔赛麝香复方

苏合香、安息香、香草、天使麝香复方

红檀雪松、弗吉尼亚雪松、广藿香、咖啡、中国雪松、MIAROMA 白檀木

大西洋雪松、愈创木、绅士岩兰复方

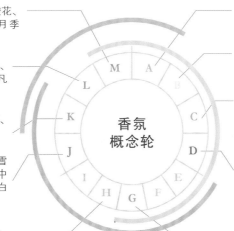

鸢尾根复方

柠檬、佛手柑、葡萄柚、甜橙、蒸馏莱姆、山鸡椒、莱姆复方

冷杉、丝柏、杜松浆果、松脂、桧木、乳香

胡椒薄荷、绿薄荷、冰片

迷迭香、茶树、澳洲尤加利、快乐鼠尾草、MIAROMA 草本复方

示范配方 1

改善醒目薰衣草入皂后的凉感气息并提升甜味感，此配方的皂体表面气味、泡沫与肌肤气味表现均佳。此配方中的零陵香豆素不可使用香草醛替代。

醒目薰衣草	7.5g
零陵香豆素	0.5g
凡尔赛麝香复方	2g

示范配方 2

示范配方 1 的延伸变化。加入鸢尾根复方，带来类似市面上中性香水调的入皂配方。

示范配方 1	8g
鸢尾根复方	2g

示范配方 3

加入适量的清茶复方，可以修饰澳洲尤加利与醒目薰衣草的草本气味，让气味更显变化。

醒目薰衣草	5g
澳洲尤加利	1g
清茶复方	3g
中国雪松	1g

香氛
概念轮
G

迷迭香

英文名称 Rosemary
拉丁学名 *Rosmarinus officinalis*

表面气味
3.5
●●●◑○○○○

泡沫气味
4
●●●●○○○○

肌肤气味
2
●●○○○○○○

市面上常见的迷迭香精油有桉油醇迷迭香、樟脑迷迭香、马鞭草酮迷迭香三个品种，入皂或是调配香水，都建议选择樟脑迷迭香。

将迷迭香与薰衣草、尤加利、茶树或区块B、C的原料搭配，是最常见的方式，但这样的搭配往往显现不出樟脑迷迭香的气味，可以试着搭配花香与木质家族的精油，或是加入适量零陵香豆素，衔接、协调两者气味。

搭配建议

以下建议的原料皆可以加入较高的剂量，来与迷迭香搭配。其他没有提到的原料也可以与迷迭香搭配，但不建议加入太高的剂量，需酌量添加。

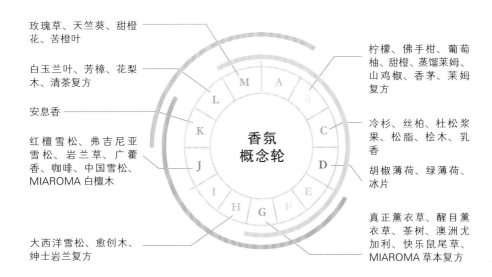

玫瑰草、天竺葵、甜橙花、苦橙叶

白玉兰叶、芳樟、花梨木、清茶复方

安息香

红檀雪松、弗吉尼亚雪松、岩兰草、广藿香、咖啡、中国雪松、MIAROMA 白檀木

柠檬、佛手柑、葡萄柚、甜橙、蒸馏莱姆、山鸡椒、香茅、莱姆复方

冷杉、丝柏、杜松浆果、松脂、桧木、乳香

胡椒薄荷、绿薄荷、冰片

真正薰衣草、醒目薰衣草、茶树、澳洲尤加利、快乐鼠尾草、MIAROMA 草本复方

大西洋雪松、愈创木、绅士岩兰复方

香氛概念轮

示范配方 1

快乐鼠尾草在此配方中扮演衔接花香、木质、草本气味的角色。

樟脑迷迭香	4g
快乐鼠尾草	3g
甜橙花	1g
大西洋雪松	2g

示范配方 2

迷迭香常常搭配区块 B 的柑橘类原料，但光是如此，配方闻起来不甚协调，各唱各的调，可以加入适量零陵香豆素，即能衔接与协调两者气味。

十倍甜橙	3g
柠檬	5g
迷迭香	2g
零陵香豆素	0.2g

示范配方 3

示范配方 2 的延伸款，加入木质气味（MIAROMA 白檀木、绅士岩兰复方）或麝香（天使麝香复方、凡尔赛麝香复方），再加入微量区块 E、F 的原料，为配方做变化。

3-1	示范配方 2	7g
	绅士岩兰复方	3g
	丁香	0.1g
3-2	示范配方 2	8g
	MIAROMA 白檀木	2g
	锡兰肉桂	0.05g

茶树

英文名称 Tea Tree
拉丁学名 *Melaleuca alternifolia*

表面气味

4

●●●●○○○○

泡沫气味

3

●●●○○○○○

肌肤气味

1

●○○○○○○○

茶树入皂效果佳，但气味上却往往让人有廉价、药味的刻板印象。想要改善这点，除了可以与区块 C 的原料搭配外，也可加入低量的摩洛哥洋甘菊、苦艾，即能明显扭转茶树给人的廉价印象。

搭配建议

以下建议的原料皆可以加入较高的剂量，来与茶树搭配。其他没有提到的原料也可以与茶树搭配，但不建议加入太高的剂量，需酌量添加。

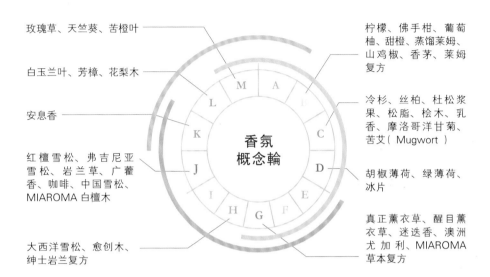

玫瑰草、天竺葵、苦橙叶

白玉兰叶、芳樟、花梨木

安息香

红檀雪松、弗吉尼亚雪松、岩兰草、广藿香、咖啡、中国雪松、MIAROMA 白檀木

大西洋雪松、愈创木、绅士岩兰复方

柠檬、佛手柑、葡萄柚、甜橙、蒸馏莱姆、山鸡椒、香茅、莱姆复方

冷杉、丝柏、杜松浆果、松脂、桧木、乳香、摩洛哥洋甘菊、苦艾（Mugwort）

胡椒薄荷、绿薄荷、冰片

真正薰衣草、醒目薰衣草、迷迭香、澳洲尤加利、MIAROMA 草本复方

示范配方 1

搭配摩洛哥洋甘菊或苦艾，就能扭转茶树给人的廉价药味感。

摩洛哥洋甘菊（或苦艾）	3g
茶树	7g

示范配方 2

以示范配方 1 为基础，再加入其他元素做变化。

示范配方 1	5g
岩兰草	1g
安息香	4g

示范配方 3

示范配方 2 的延伸变化，提升成皂的泡沫、肌肤气味表现。

示范配方 2	7.5g
绅士岩兰复方	2.5g

香氛
概念轮

G

澳洲尤加利

英文名称 Eucalyptus
拉丁学名 *eucalyptus radiata*

表面气味

4

●●●●○○○○

泡沫气味

3

●●●○○○○○

肌肤气味

1

●○○○○○○○

澳洲尤加利与茶树有同样的问题，于皂体气味表现好，但气味给人廉价印象。
要将澳洲尤加利搭配出具有辨识度的简易配方，一样可以用低剂量的摩洛哥
洋甘菊、苦艾来做修饰、调整。

建议尽量避免将澳洲尤加利单独搭配茶树、迷迭香，在变化上，前者的搭配
再加入丁香、冰片、肉桂、胡椒薄荷、绿薄荷等原料，会加重澳洲尤加利或
茶树的药味，除非是特别喜欢，或是符合皂本身的主题，否则建议尽量避免。

搭配建议

以下建议的原料皆可以加入较高的剂量，来与澳洲尤加利搭配。其他没有提到的原料也可以与澳洲尤加利搭配，但不建议加入太高的剂量，需酌量添加。

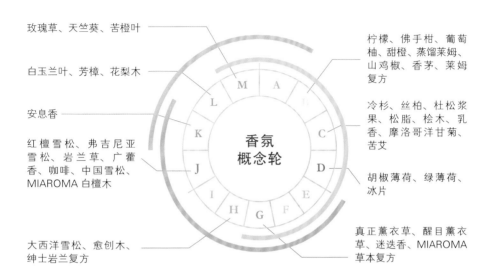

玫瑰草、天竺葵、苦橙叶

白玉兰叶、芳樟、花梨木

安息香

红檀雪松、弗吉尼亚雪松、岩兰草、广藿香、咖啡、中国雪松、MIAROMA 白檀木

大西洋雪松、愈创木、绅士岩兰复方

柠檬、佛手柑、葡萄柚、甜橙、蒸馏莱姆、山鸡椒、香茅、莱姆复方

冷杉、丝柏、杜松浆果、松脂、桧木、乳香、摩洛哥洋甘菊、苦艾

胡椒薄荷、绿薄荷、冰片

真正薰衣草、醒目薰衣草、迷迭香、MIAROMA 草本复方

香氛概念轮

示范配方 1

以苦艾协调澳洲尤加利给人的廉价印象，搭配微量的香茅与甜茴香，带来气味的变化。

苦艾	2g
香茅	0.4g
甜茴香	0.1g（约5滴）
澳洲尤加利	7.5g

示范配方 2

带有热带柑橘气味的莱姆复方，除了可协调澳洲尤加利给人的廉价印象外，也能让整体的凉感闻起来具有提振、清爽的柑橘气味。

杜松浆果	2g
莱姆复方	4g
澳洲尤加利	3g
玫瑰草	1g

示范配方 3

示范配方 1 的延伸变化，加入绅士岩兰复方与天使麝香复方后，让整体呈现中性香水的香氛感。此配方皂体表面、泡沫、肌肤气味表现均佳。

示范配方 1	6g
绅士岩兰复方	3g
天使麝香复方	1g

快乐鼠尾草

英文名称 Clary Sage
拉丁学名 *Salvia sclarea*

表面气味

3.5

●●●●◐○○○○

泡沫气味

3

●●●○○○○○○

肌肤气味

2

●●○○○○○○○

快乐鼠尾草在手工皂中的气味表现佳，香气宜人，也常用来修饰气味较冲的精油。好品质的快乐鼠尾草价格较高，为了避免浪费，建议搭配成能够凸显其特色的复方香氛，像是与清茶复方、绅士岩兰复方搭配，都能相得益彰。

搭配建议

以下建议的原料皆可以加入较高的剂量，来与快乐鼠尾草搭配。其他没有提到的原料也可以与快乐鼠尾草搭配，但不建议加入太高的剂量，需酌量添加。

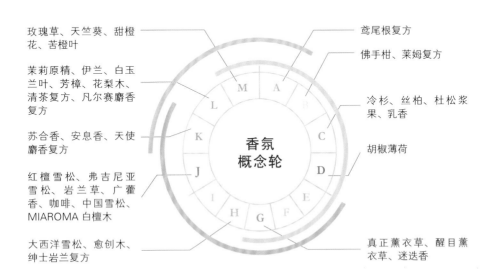

玫瑰草、天竺葵、甜橙花、苦橙叶

茉莉原精、伊兰、白玉兰叶、芳樟、花梨木、清茶复方、凡尔赛麝香复方

苏合香、安息香、天使麝香复方

红檀雪松、弗吉尼亚雪松、岩兰草、广藿香、咖啡、中国雪松、MIAROMA 白檀木

大西洋雪松、愈创木、绅士岩兰复方

鸢尾根复方

佛手柑、莱姆复方

冷杉、丝柏、杜松浆果、乳香

胡椒薄荷

真正薰衣草、醒目薰衣草、迷迭香

香氛概念轮

示范配方 1

快乐鼠尾草 + 柑橘类 + 木质是常见的搭配方式，在变化上，建议尝试不同的木质原料（参考区块 H、J），可以避免手工皂闻起来千篇一律。

快乐鼠尾草	5g
佛手柑	2g
愈创木	3g

示范配方 2

此配方可凸显快乐鼠尾草气味特色，而且于手工皂表面气味、泡沫与肌肤气味上表现均佳。

快乐鼠尾草	8g
绅士岩兰复方	1.8g
零陵香豆素	0.2g

示范配方 3

以示范配方 2 为基础，适合加入区块 L、M 的原料，以增加变化性。但如果单独以快乐鼠尾草搭配区块 L、M 的原料，其特色容易被掩盖。

示范配方 2	8g
伊兰	2g

香氛
概念轮
H

大西洋雪松

英文名称 Cedarwood Atlas
拉丁学名 *Cedrus atlantica*

表面气味
7
●●●●●●●○

泡沫气味
7.5
●●●●●●●○

肌肤气味
5.5
●●●●●○○○

大西洋雪松与喜马拉雅雪松入皂后的气味与表现性差异不大，建议选择一种购买即可。

所有定香的木质香气中，大西洋雪松是入皂必备的，它可以修饰区块 C、G 的草本香气，还能够增添区块 L、M 中花香香气的变化。大西洋雪松可单独入皂，用量约为总量的 2%［（油量＋水量）× 2%］，在气味的变化上，可以试试加入天使麝香复方或凡尔赛麝香复方，再搭配其他原料，能让气味更加协调，表现更好。

搭配建议

以下建议的原料皆可以加入较高的剂量，来与大西洋雪松搭配。其他没有提到的原料也可以与大西洋雪松搭配，但不建议加入太高的剂量，需酌量添加。

以此配方为基础再搭配绿色环与咖啡色环的原料：大西洋雪松 8g ＋天使麝香复方 2g。

以此配方为基础再搭配粉红色环的原料：大西洋雪松 9g ＋凡尔赛麝香复方 1g。

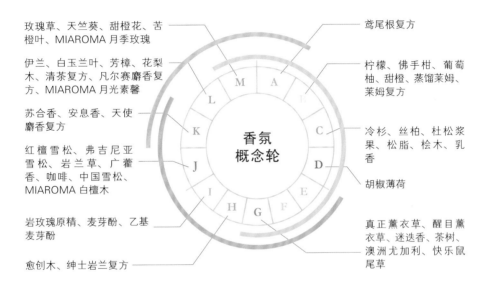

玫瑰草、天竺葵、甜橙花、苦橙叶、MIAROMA 月季玫瑰

伊兰、白玉兰叶、芳樟、花梨木、清茶复方、凡尔赛麝香复方、MIAROMA 月光素馨

苏合香、安息香、天使麝香复方

红檀雪松、弗吉尼亚雪松、岩兰草、广藿香、咖啡、中国雪松、MIAROMA 白檀木

岩玫瑰原精、麦芽酚、乙基麦芽酚

愈创木、绅士岩兰复方

香氛概念轮

鸢尾根复方

柠檬、佛手柑、葡萄柚、甜橙、蒸馏莱姆、莱姆复方

冷杉、丝柏、杜松浆果、松脂、桧木、乳香

胡椒薄荷

真正薰衣草、醒目薰衣草、迷迭香、茶树、澳洲尤加利、快乐鼠尾草

示范配方 1

绅士岩兰复方能协调其他两者的气味，整体香气会偏木质香水调。

大西洋雪松	6g
乙基麦芽酚	0.1g
绅士岩兰复方	4g

示范配方 2

大西洋雪松搭配花香。少量的 MIAROMA 月光素馨就能给人以白色花朵的香气印象。

伊兰	1g
MIAROMA 月光素馨	1g
大西洋雪松	8g

示范配方 3

大西洋雪松加上凡尔赛麝香后，再加入花香。玫瑰中带着雪松气味与柔软的麝香气味。成皂的泡沫与肌肤气味表现佳。

大西洋雪松	6g
凡尔赛麝香复方	1g
土耳其玫瑰（请见p.163）	3g

愈创木

英文名称 Guaiacwood

拉丁学名 *Guaiacum officinale G. sanctum*；
Bulnesia sarmient

表面气味

3

●●●○○○○○

泡沫气味

3

●●●○○○○○

肌肤气味

2

●●○○○○○○

愈创木因处理方式不同，产品会带有烟熏味或是檀香的奶脂味。奶脂味的愈创木入皂效果并不好，不建议使用；带有烟熏味的愈创木与区块 H、I、J 的木质香气原料搭配，能增加这些原料的香气变化，建议选择皂体表面气味分数高的原料搭配，例如大西洋雪松 7g + 愈创木 3g。

虽然愈创木入皂后表现一般，但与其他精油搭配后，效果仍佳，建议适量添加，用以修饰其他精油或让整体气味更为丰富。

搭配建议

以下建议的原料皆可以加入较高的剂量，来与愈创木搭配。其他没有提到的原料也可以与愈创木搭配，但不建议加入太高的剂量，需酌量添加。

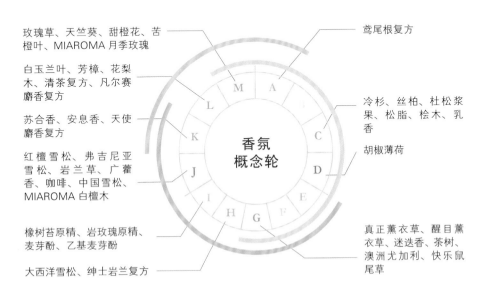

玫瑰草、天竺葵、甜橙花、苦橙叶、MIAROMA 月季玫瑰

白玉兰叶、芳樟、花梨木、清茶复方、凡尔赛麝香复方

苏合香、安息香、天使麝香复方

红檀雪松、弗吉尼亚雪松、岩兰草、广藿香、咖啡、中国雪松、MIAROMA 白檀木

橡树苔原精、岩玫瑰原精、麦芽酚、乙基麦芽酚

大西洋雪松、绅士岩兰复方

鸢尾根复方

冷杉、丝柏、杜松浆果、松脂、桧木、乳香

胡椒薄荷

真正薰衣草、醒目薰衣草、迷迭香、茶树、澳洲尤加利、快乐鼠尾草

香氛概念轮

示范配方 1

此示范配方主要以增加愈创木皂体以及泡沫肌肤气味表现性为目的来做设计。

土耳其玫瑰（请见 p.163）	5g
愈创木	4g
大西洋雪松	1g

示范配方 2

温暖的木质香气，再加入凡尔赛麝香复方，能加强整体气味表现。

愈创木	5g
安息香	1g
中国雪松	3g
凡尔赛麝香复方	1g

示范配方 3

愈创木单独搭配弗吉尼亚雪松，在成皂中气味表现性会太弱，加入一些干燥粉质的、带有奶脂香气的鸢尾根，可以衬托出木质香气的干燥感，并让气味表现性更好。

愈创木	5g
弗吉尼亚雪松	3g
鸢尾根复方	2g

纯香馥方系列 ——

绅士岩兰复方

▲ 降龙涎香醚结构式

绅士岩兰复方是主要由降龙涎香醚、生质原料（像是甘蔗、糖）加以合成而得的单体，其内也加有其他香氛原料。降龙涎香醚主要可以由快乐鼠尾草醇（Sclareol，又名香紫苏醇）氧化而得。

绅士岩兰复方不建议单独入皂，主要是用来修饰皂友常用精油的气味，同时加强香气在泡沫与肌肤上的表现性。用量低、效果好，建议用量为整体香氛配方的 5% ～ 20%（视配方主题而定）。

皂友手边最常见的精油，像是桧木、乳香、真正薰衣草、醒目薰衣草、迷迭香、茶树、澳洲尤加利、大西洋雪松、岩兰草、广藿香、安息香等，这类精油因为价格便宜，多数人会将它们高比例使用于配方中，但是这样也往往造成两个问题：

1. 在不多添购其他精油的情况下，是否有方法可以让茶树、澳洲尤加利、桧木的气味变得宜人或是多点变化？

2. 这类精油往往也会调配在给男士设计的皂款香氛当中，是否有方法能让皂款香氛变得偏向好闻的香水香氛？

为了解决这两个问题，不妨试试用上述任一款精油 8g，加上绅士岩兰复方 2g，调和为复方备用，如此就能加以变化。

表面气味

4.5

●●●●◐○○○○

泡沫气味

4.5

●●●●◐○○○○

肌肤气味

6

●●●●●●○○

搭配建议

以下建议的原料皆可以加入较高的剂量，来与绅士岩兰复方搭配。其他没有提到的原料也可以与绅士岩兰复方搭配，但不建议加入太高的剂量，需酌量添加。

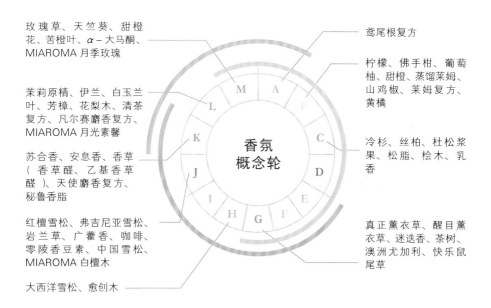

玫瑰草、天竺葵、甜橙花、苦橙叶、α-大马酮、MIAROMA月季玫瑰

茉莉原精、伊兰、白玉兰叶、芳樟、花梨木、清茶复方、凡尔赛麝香复方、MIAROMA月光素馨

苏合香、安息香、香草（香草醛、乙基香草醛）、天使麝香复方、秘鲁香脂

红檀雪松、弗吉尼亚雪松、岩兰草、广藿香、咖啡、零陵香豆素、中国雪松、MIAROMA白檀木

大西洋雪松、愈创木

鸢尾根复方

柠檬、佛手柑、葡萄柚、甜橙、蒸馏莱姆、山鸡椒、莱姆复方、黄橘

冷杉、丝柏、杜松浆果、松脂、桧木、乳香

真正薰衣草、醒目薰衣草、迷迭香、茶树、澳洲尤加利、快乐鼠尾草

示范配方 1

以绅士岩兰复方协调茶树的药味与廉价感，进阶者可挑战单体调香，即再加入零陵香豆素 0.5g，气味会更沉稳。

茶树	8g
绅士岩兰复方	2g

示范配方 2

茶树+薰衣草几乎是每个皂友都试过的配方，不妨试试加入少量的绅士岩兰复方，突破原本的气味框架。

茶树	3.5g
真正薰衣草	3.5g
绅士岩兰复方	3g

示范配方 3

以苦艾矫正茶树气味后再加入木质香气（区块H、J），加入绅士岩兰复方加强泡沫与肌肤气味表现。

茶树	4g
苦艾	1g
大西洋雪松	3g
绅士岩兰复方	2g

橡树苔原精

英文名称 Oakmoss
拉丁学名 *Evernia prunastri*

表面气味

7.5

●●●●●●●◐

泡沫气味

6

●●●●●●○○

肌肤气味

6

●●●●●●○○

橡树苔原精被誉为结合雨林与海洋气息的原料，价格中高，在香水调香中仅需要低剂量就能使香水带有层次感、对比明显。而在手工皂调香中，除了能为配方本身加分，大幅提升质感外，一般认为难搭配的精油，像是区块 E（罗勒、甜茴香）与区块 F（丁香、肉桂、姜）的原料，都可以试着加入橡树苔原精调和。橡树苔原精颜色深，故要注意剂量高时会改变成皂颜色。

搭配建议

在手工皂调香中，橡树苔原精扮演的仅是润饰整体香气的角色，与香氛概念轮区块 A ~ M 的原料均能搭配，但不建议与单方精油单独搭配（比如，大西洋雪松 9.5g ＋ 橡树苔原精 0.5g），所以此原料没有列出建议搭配的香氛概念轮。

建议用已调和好的复方加入橡树苔原精，带来画龙点睛的效果（比如，桧木林之歌 9.5g ＋ 橡树苔原精 0.5g），搭配已调和好的复方可以使整体气味不会显得过于单薄，除了增加变化性以外，也能为整体复方加分。建议用量在整体香氛的 5% 以内［例如，香氛总重为 10g，桧木林之歌（请见 p.166）9.5g ＋ 橡树苔原精 0.5g］，能带来很好的气味效果。

示范配方 1

此配方若改用热带罗勒，其比例要从 0.5% 降低为 0.1%，并将大西洋雪松替换为 MIAROMA 白檀木或红檀雪松，以矫正热带罗勒强劲的气味。此配方为偏男性、中性的香氛。

芳樟醇罗勒	0.5g
苦橙叶	2g
零陵香豆素	0.3g
广藿香	0.3g
大西洋雪松	3g
绅士岩兰复方	4g

示范配方 2

添加微量橡树苔原精，即可增加区块 C、D、G 的草本原料的气味变化。

茶树	2g
澳洲尤加利	1g
薰衣草	3g
愈创木	2.5g
橡树苔原精	0.5g

示范配方 3

添加微量橡树苔原精，与区块 L、M 的花香原料搭配，可以让花香显得轻盈、好闻。

伊兰	3.5g
白玉兰叶	5g
MIAROMA 月光素馨	1g
橡树苔原精	0.5g

香氛
概念轮
I

岩玫瑰原精

英文名称 Rock Rose
拉丁学名 *Cistus ladaniferus*

表面气味

6

●●●●●●○○

泡沫气味

5

●●●●●○○○

肌肤气味

6

●●●●●●○○

虽然岩玫瑰有"玫瑰"二字，但其气味与我们所熟悉的玫瑰截然不同。岩玫瑰原精萃取自岩玫瑰枝叶上的树脂状黏液，气味深沉、层次丰富。树脂或香脂类的原精或精油，虽然在调香中多分类为慢板或低音，被归类为可定香的原料，但并非每一种都适合入皂。例如古琼香脂、古巴香脂，入皂各方面表现（表面气味、泡沫气味等）均差，不建议购买。

岩玫瑰按照萃取方式，常见精油与原精两种形态，两种在调香的用途与气味特色上截然不同，价格中高。精油气味清亮、特色鲜明，但原精入皂 CP 值较高，少量即能提升整体配方气味、质感。

搭配建议

以下建议的原料皆可以加入较高的剂量，来与岩玫瑰原精搭配。其他没有提到的原料也可以与岩玫瑰原精搭配，但不建议加入太高的剂量，需酌量添加。

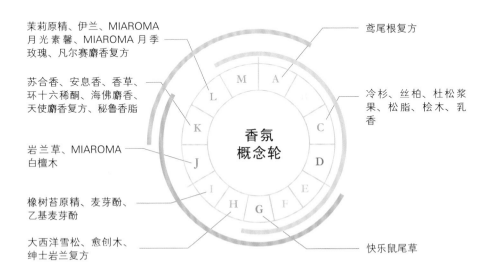

茉莉原精、伊兰、MIAROMA
月光素馨、MIAROMA 月季
玫瑰、凡尔赛麝香复方

苏合香、安息香、香草、
环十六稀酮、海佛麝香、
天使麝香复方、秘鲁香脂

岩兰草、MIAROMA
白檀木

橡树苔原精、麦芽酚、
乙基麦芽酚

大西洋雪松、愈创木、
绅士岩兰复方

鸢尾根复方

冷杉、丝柏、杜松浆
果、松脂、桧木、乳
香

快乐鼠尾草

香氛
概念轮

示范配方 1

此配方名为"琥珀基底"，单独入皂后，其皂体、泡沫、肌肤表现性均佳，与难搭配的柠檬香茅或是常见入皂精油，如茶树、澳洲尤加利、迷迭香搭配，能提升这类便宜精油的气味、质感。此配方另可搭配区块 H、I、J、K、L、M 的原料。

乳香	5g
丝柏	3g
岩玫瑰原精	0.5g
乙基香草醛	0.5g
凡尔赛麝香复方	1g

示范配方 2

此配方可以创造出类似印度线香的神秘、馥郁的异国气味。

MIAROMA 白檀木	4g
MIAROMA 月光素馨	1g
琥珀基底	4g
土耳其玫瑰	1g

示范配方 3

以示范配方 1 来提升常用精油的质感。

茶树	2g
澳洲尤加利	2g
琥珀基底	3g
大西洋雪松	3g

麦芽酚／乙基麦芽酚

英文名称 麦芽酚 Maltol、乙基麦芽酚 Ethyl Maltol

▲ 乙基麦芽酚结构式

▲ 麦芽酚结构式

麦芽酚与乙基麦芽酚是可食用的食品香精原料，广泛用于调制焦糖、太妃糖等，也通用于香水调香，在香水中两种单体的气味特色不同，入皂时择其一购买即可，乙基麦芽酚在使用上较麦芽酚容易操作。

本书所推荐的单体，都可以增加皂体气味强度，与精油搭配能增加香氛的变化性。麦芽酚或乙基麦芽酚在整体香氛配方中占比 1%（例如：香氛总共 10g，甜橙 9.9g ＋ 乙基麦芽酚 0.1g），入皂即有明显味道，建议用量不要超过整体香氛配方的 5%。

乙基麦芽酚在手工皂调香中扮演的仅是增加香气的变化性与气味强度的角色，适合与已调和好的复方精油搭配，比如：p.163 的土耳其玫瑰 9.5g ＋ 乙基麦芽酚 0.5g。

表面气味

7

●●●●●●●○

泡沫气味

4.5

●●●●○○○○

肌肤气味

6

●●●●●●○○

搭配建议

以下建议的原料皆可以加入较高的剂量，来与麦芽酚或乙基麦芽酚搭配。其他没有提到的原料也可以与麦芽酚或乙基麦芽酚搭配，但不建议加入太高的剂量，需酌量添加。

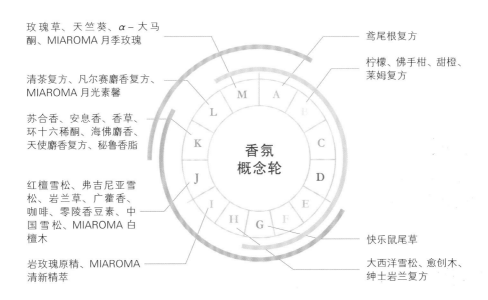

玫瑰草、天竺葵、α-大马酮、MIAROMA 月季玫瑰

清茶复方、凡尔赛麝香复方、MIAROMA 月光素馨

苏合香、安息香、香草、环十六稀酮、海佛麝香、天使麝香复方、秘鲁香脂

红檀雪松、弗吉尼亚雪松、岩兰草、广藿香、咖啡、零陵香豆素、中国雪松、MIAROMA 白檀木

岩玫瑰原精、MIAROMA 清新精萃

香氛概念轮

鸢尾根复方

柠檬、佛手柑、甜橙、莱姆复方

快乐鼠尾草

大西洋雪松、愈创木、绅士岩兰复方

示范配方 1

带来浓郁而酸甜的柑橘、莓果香气。

十倍甜橙	9.2g
乙基麦芽酚	0.5g
α-大马酮	0.3g

示范配方 2

温暖、香甜的烟熏感气味。

秘鲁香脂或安息香	7g
十倍甜橙	2g
乙基麦芽酚	0.2g
植物油：松焦油	1g

示范配方 3

仅用薰衣草精油加上甜橙与乙基麦芽酚，成皂在三到四个月会仅剩下淡淡的薰衣草和乙基麦芽酚气味。薰衣草之梦中的凡尔赛麝香复方，除了让整体配方气味融合更好以外，也能帮助配方中的香气维持得更久。

乙基麦芽酚	0.2g
薰衣草之梦（请见 p.164）	5g
十倍甜橙	5g

香氛
概念轮
J

弗吉尼亚雪松

英文名称 Cedarwood Virginia
拉丁学名 *Juniperus virginiana*

弗吉尼亚雪松在调香中分类为低音，但入皂效果并不好，建议不要作为配方主要成分或单独使用。

与鸢尾根复方搭配时，能强化其特殊的削铅笔味儿；与凡尔赛麝香复方、天使麝香搭配，能创造出独树一帜的麝香复方。可以在此麝香复方基础之上，与其他香氛搭配（特别适合与区块 L、M 的花香家族搭配）。

在仿檀香的配方中，一般会用到弗吉尼亚雪松，不管是檀香的单体或是现成的香精，很少能够模仿出东印度檀香特殊的奶脂般的柔软气味，可以试试 MIAROMA 白檀木，它带有东印度檀香特殊的奶脂气味。

红檀雪松是天然的混合蒸馏精油，以雪松、柏木、檀香碎屑混合蒸馏而成，带有一点烟熏感，适合创造出拥有香火缭绕气味的配方，气味整体表现与大西洋雪松相同，入皂或做蜡烛匹配值均高。

表面气味
2.5
●●◑○○○○○

泡沫气味
2
●●○○○○○○

肌肤气味
2
●●○○○○○○

搭配建议

以下建议的原料皆可以加入较高的剂量，来与弗吉尼亚雪松、红檀雪松或 MIAROMA 白檀木搭配。其他没有提到的原料也可以与上述原料搭配，但不建议加入太高的剂量，需酌量添加。

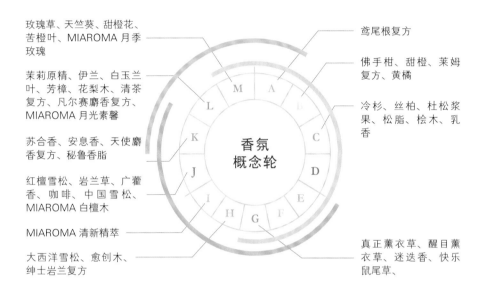

玫瑰草、天竺葵、甜橙花、苦橙叶、MIAROMA 月季玫瑰

茉莉原精、伊兰、白玉兰叶、芳樟、花梨木、清茶复方、凡尔赛麝香复方、MIAROMA 月光素馨

苏合香、安息香、天使麝香复方、秘鲁香脂

红檀雪松、岩兰草、广藿香、咖啡、中国雪松、MIAROMA 白檀木

MIAROMA 清新精萃

大西洋雪松、愈创木、绅士岩兰复方

鸢尾根复方

佛手柑、甜橙、莱姆复方、黄橘

冷杉、丝柏、杜松浆果、松脂、桧木、乳香

真正薰衣草、醒目薰衣草、迷迭香、快乐鼠尾草、

香氛
概念轮

示范配方 1

独特的木屑般迷人气味。是适合冷制皂、液体皂、蜡烛的温暖香氛配方。将弗吉尼亚雪松以红檀雪松替代，整体配方会转为木质古朴气味；以 MIAROMA 白檀木替代，会呈现温暖的、奶香味的、柔和的檀香气息。

弗吉尼亚雪松	5g
鸢尾根复方	2g
愈创木	3g

示范配方 2

可以在示范配方 1 中加入区块 L、M 的原料。而加入进阶调香配方（p.162），像是伊人玫瑰（p.166）、玫瑰红茶（p.162）、土耳其玫瑰（p.163），所呈现出的气味效果，在皂体、泡沫、肌肤上的表现，都比单用弗吉尼亚雪松搭配区块 L、M 的原料来得好。

示范配方 1	7g
苦橙叶	3g

示范配方 3

柔和檀香与干燥牧草的香气。

MIAROMA 白檀木	5g
弗吉尼亚雪松	3g
快乐鼠尾草	2g
零陵香豆素	0.1g

香氛
概念轮

J

岩兰草

英文名称 Vetiver

拉丁学名 *Chrysopogon zizanioides*

表面气味

6.5

●●●●●●●○○

泡沫气味

5

●●●●●○○○

肌肤气味

5.5

●●●●●○○○

许多初学者畏于大刀阔斧地于调香配方中使用岩兰草，原因在于岩兰草强烈的木质气味。建议试试下面三个配方，可保留岩兰草的气味特色，并且柔和其气味。

1. 岩兰草：咖啡 = 1：1

2. 岩兰草：弗吉尼亚雪松 = 1：2

3. 岩兰草：鸢尾根复方 = 3：1

岩兰草适合混合成复方后再与其他精油搭配，单独使用或是与单方精油搭配（例如：茶树＋岩兰草、大西洋雪松＋岩兰草），气味会不够协调且缺乏变化。

搭配建议

以下建议的原料皆可以加入较高的剂量，来与岩兰草搭配。其他没有提到的原料建议将岩兰草搭配成复方（参考 p.118 三个配方）后，再加入其他精油，酌量添加。

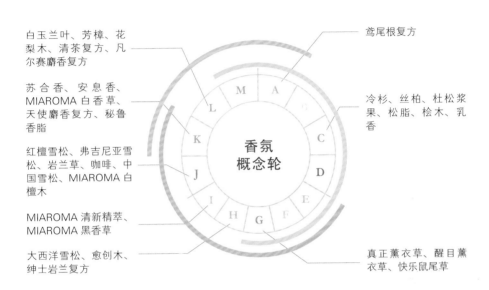

白玉兰叶、芳樟、花梨木、清茶复方、凡尔赛麝香复方

苏合香、安息香、MIAROMA 白香草、天使麝香复方、秘鲁香脂

红檀雪松、弗吉尼亚雪松、岩兰草、咖啡、中国雪松、MIAROMA 白檀木

MIAROMA 清新精萃、MIAROMA 黑香草

大西洋雪松、愈创木、绅士岩兰复方

鸢尾根复方

冷杉、丝柏、杜松浆果、松脂、桧木、乳香

真正薰衣草、醒目薰衣草、快乐鼠尾草

香氛概念轮

示范配方 1

带有坚果与木质香脂的香气，咖啡精油可以用 MIAROMA 黑香草替代。

岩兰草	2.5g
咖啡	2.5g
大西洋雪松	2g
快乐鼠尾草	3g

示范配方 2

沉稳的干燥木质气味搭配神秘的玫瑰复方。

岩兰草	1g
弗吉尼亚雪松	2g
伊人玫瑰（请见 p.166）	7g

示范配方 3

岩兰草加入了鸢尾根复方而显得柔软的木质香气，衬托着沉稳的甜香。

岩兰草	2.25g
鸢尾根复方	0.75g
秘鲁香脂	3g
安息香	4g

广藿香

英文名称 Patchouli
拉丁学名 *Pogostemon cablin*

以广藿香调香入皂的常见问题是搭配过于通俗、缺乏变化，气味闻起来过于草本、有草药感。

基本上，区块 A ~ M 的原料均适合与广藿香搭配，只需看想呈现的主题。皂友最常搭配的是区块 B、C、D、G 的精油或其他木质类精油，但如此往往无法将广藿香的特色表现出来。

原料种类较少的初学者，可以试试以下搭配方式，将广藿香搭配为复方，再按照建议调配方向，加入相应区块的原料。

1. 广藿香1：MIAROMA 黑香草 1
   此配方适合继续添加原料，往木质、花香（尤其是玫瑰）方向搭配。

2. 以广藿香搭配 MIAROMA 黑香草，再往玫瑰香方向延伸的配方：
   广藿香 1：MIAROMA 黑香草 1　共 3g
   土耳其玫瑰（请见 p.163）　7g

p.121 三个示范配方适合进阶调香者，是能表现出广藿香特色的配方，单独使用即能让皂体、泡沫、肌肤气味表现极佳，也能作为基底使用，适合与区块 A、B、L、M 的原料搭配。或参考 p.164 恋恋广藿香，此配方能凸显广藿香的果香特质。

表面气味

5.5

●●●●●●○○○

泡沫气味

4.5

●●●●●○○○○

肌肤气味

4.5

●●●●●○○○○

搭配建议

以下建议的原料皆可以加入较高的剂量，来与广藿香搭配。其他没有提到的原料也可以与广藿香搭配，但不建议加入太高的剂量，需酌量添加。

玫瑰草、天竺葵、甜橙花、苦橙叶、MIAROMA 月季玫瑰

茉莉原精、伊兰、白玉兰叶、芳樟、花梨木、清茶复方、凡尔赛麝香复方、MIAROMA 月光素馨

苏合香、安息香、天使麝香复方、秘鲁香脂

红檀雪松、弗吉尼亚雪松、岩兰草、咖啡、中国雪松

大西洋雪松、愈创木、绅士岩兰复方

鸢尾根复方

柠檬、佛手柑、葡萄柚、甜橙、蒸馏莱姆、山鸡椒、香茅、莱姆复方

冷杉、丝柏、杜松浆果、松脂、桧木、乳香

胡椒薄荷、绿薄荷、冰片

真正薰衣草、醒目薰衣草、迷迭香、茶树、澳洲尤加利、快乐鼠尾草

香氛概念轮

示范配方 1

此配方可作为中性或男性香氛的底调基底。

广藿香	4g
天使麝香复方	2g
绅士岩兰复方	4g
乙基麦芽酚	0.2g
零陵香豆素	0.2g

示范配方 2

示范配方 1 的中性香氛底调，适合再加入柑橘类原料，或是区块 L、M 中的原料进行修饰，酌量使用。

示范配方 1	4g
苦橙叶	1g
佛手柑	5g

示范配方 3

示范配方 1 的中性香氛底调，再加入区块 C、D、G 常用精油，可以避免广藿香搭配区块 C、D、G 原料后配方气味过于庸俗、草本的问题。

茶树或迷迭香	0.5g
快乐鼠尾草	2g
真正薰衣草	2.5g
示范配方 1	5g

咖啡

英文名称 Coffee
拉丁学名 *Coffea Linn.*

表面气味

5

●●●●●○○○

泡沫气味

4.5

●●●●◐○○○

肌肤气味

2.5

●●◐○○○○○

咖啡精油的调配应用，大家最熟悉的就是调配出卡布奇诺、甜点的香气（咖啡精油＋乙基香草醛／麦芽酚）。对于常用的木质精油（大西洋雪松、广藿香、岩兰草、弗吉尼亚雪松、愈创木）以及香脂精油（秘鲁香脂、安息香），咖啡精油除了可以为这两类精油的搭配加分外，也能增加气味的变化。

搭配建议

以下建议的原料皆可以加入较高的剂量，来与咖啡搭配。其他没有提到的原料也可以与咖啡搭配，但不建议加入太高的剂量，需酌量添加。

清茶复方、凡尔赛麝香复方

MIAROMA 白香草、苏合香、安息香、天使麝香复方、秘鲁香脂

红檀雪松、弗吉尼亚雪松、岩兰草、广藿香、中国雪松、MIAROMA 白檀木

麦芽酚、乙基麦芽酚、MIAROMA 清新精萃

大西洋雪松、愈创木、绅士岩兰复方

鸢尾根复方

芳樟醇罗勒（芳樟醇罗勒：咖啡 = 1：9）

锡兰肉桂、中国官桂（锡兰肉桂：咖啡 = 1：10；中国官桂：咖啡 =1：15）

快乐鼠尾草

香氛概念轮

示范配方 1

坚果的木质香味中透着甜点的温暖气息。

岩兰草	3g
咖啡	6g
乙基麦芽酚	0.5g
乙基香草醛	0.5g

示范配方 2

沉稳、令人安心的香脂气味，在加入咖啡精油后，增加了变化。

咖啡	4g
大西洋雪松	2g
秘鲁香脂	4g

示范配方 3

受欢迎的蛋糕、甜点香氛。MIAROMA 白香草并不是香草（香草醛、乙基香草醛）冰淇淋的那种气味。绵密的奶油蛋糕香气，再搭配咖啡精油，就变成一款适合入皂的甜点香氛。

MIAROMA 白香草	3g
咖啡	7g

零陵香豆素

英文名称 Coumarin

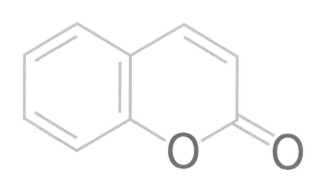

▲ 零陵香豆素结构式

表面气味

7

●●●●●●●○

泡沫气味

5

●●●●●○○○

肌肤气味

7

●●●●●●●○

零陵香豆素为食品调香原料之一，常用于调配红茶、乌龙茶、草本茶的气味。坚持用天然原料的朋友可以购买零陵香豆原精，但要注意有许多贩售零陵香豆原精（深色稠状）的卖家实则卖的是零陵香豆素（粉状）。

虽然零陵香豆素单体在单独入皂测试中各方面表现均好，但不建议单独入皂使用，容易让人产生消毒药皂的印象。初学者最简单的搭配是与区块 H、J 的木质香气原料搭配，可以增加气味的丰富性与变化性。建议入皂比例为整体香氛配方的 0.1% ~ 5%。与绅士岩兰复方搭配可做出男性香水常用的底调。

搭配建议

以下建议的原料皆可以加入较高的剂量，来与零陵香豆素搭配。其他没有提到的原料也可以与零陵香豆素搭配，但不建议加入太高的剂量，需酌量添加。

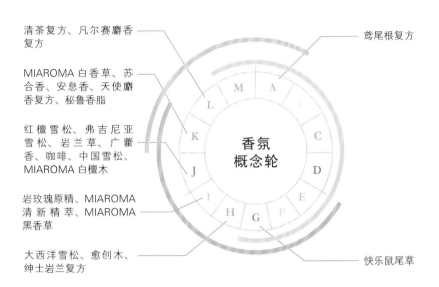

清茶复方、凡尔赛麝香复方

MIAROMA 白香草、苏合香、安息香、天使麝香复方、秘鲁香脂

红檀雪松、弗吉尼亚雪松、岩兰草、广藿香、咖啡、中国雪松、MIAROMA 白檀木

岩玫瑰原精、MIAROMA 清新精萃、MIAROMA 黑香草

大西洋雪松、愈创木、绅士岩兰复方

鸢尾根复方

快乐鼠尾草

香氛概念轮

示范配方 1

此配方可以加强快乐鼠尾草的茶香面向。

快乐鼠尾草	6g
佛手柑	2g
零陵香豆素	0.3g
秘鲁香脂	2g

示范配方 2

与区块 H、J 原料搭配，增加木质香气的变化性。

岩兰草	9.5g
零陵香豆素	0.5g

示范配方 3

此配方我命名为"男性木质香氛"，调和为复方基底后，可以为区块 A~M 的各原料做搭配，特别适合与常用的区块 C、D、G 的原料或是其示范配方做搭配［例如 p.63 芬多精（示范配方 1）5g ＋男性木质香氛 5g］。

绅士岩兰复方	6g
鸢尾根复方	3.5g
零陵香豆素	0.5g

中国雪松

英文名称 Cedarwood Chinese
拉丁学名 *Cupressus funebris*

表面气味

7

●●●●●●●○

泡沫气味

4.5

●●●●◐○○○

肌肤气味

4.5

●●●●◐○○○

中国雪松价格便宜，带有特殊的烟熏香气。特别适合与区块 H、I、J、K 的原料搭配，对于初学者而言，可将其视为能够增加常用木质香气原料（如岩兰草、大西洋雪松、弗吉尼亚雪松、广藿香）气味变化性的原料。

没有此种精油的皂友，若手边有植物油——松焦油，一样可以与常用木质原料相搭配。与松焦油混合后的复方精油，出现分层为正常现象，入皂时搅拌均匀即可。

搭配建议

以下建议的原料皆可以加入较高的剂量，来与中国雪松搭配。其他没有提到的原料也可以与中国雪松搭配，但不建议加入太高的剂量，需酌量添加。

玫瑰草、天竺葵、甜橙花、苦橙叶、MIAROMA 月季玫瑰

白玉兰叶、芳樟、花梨木、清茶复方、凡尔赛麝香复方

安息香、MIAROMA 白香草、天使麝香复方、秘鲁香脂

红檀雪松、弗吉尼亚雪松、岩兰草、广藿香、咖啡、中国雪松、MIAROMA 白檀木

MIAROMA 清新精萃

大西洋雪松、愈创木、绅士岩兰复方

鸢尾根复方

冷杉、丝柏、杜松浆果、松脂、桧木、乳香

真正薰衣草、醒目薰衣草、迷迭香、茶树、澳洲尤加利、快乐鼠尾草

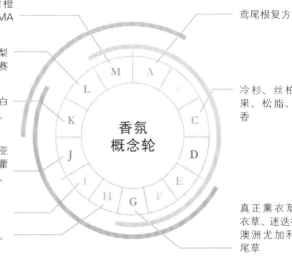

香氛概念轮

M A B C D E F G H I J K L

示范配方 1

带有淡淡的烟熏感的木质香气。

快乐鼠尾草	4g
中国雪松	4g
大西洋雪松	2g

示范配方 2

加强烟熏感与甜味，创造出适合冬日使用的沉稳木质香气。可以用于手工皂与蜡烛。

快乐鼠尾草	2g
中国雪松	4.5g
岩兰草	3g
MIAROMA 白香草	0.3g
乙基麦芽酚	0.2g

示范配方 3

可用来替代宗教仪式中的檀香，入皂效果佳。

中国雪松（或松焦油）	5g
MIAROMA 白檀木	4g
MIAROMA 黑香草	1g

香氛
概念轮
K

苏合香

英文名称 Storax
拉丁学名 *Liquidamber orientalis*

表面气味

4

●●●●○○○○

泡沫气味

4

●●●●○○○○

肌肤气味

2.5

●●◐○○○○○

苏合香的气味丰富，带有花香、辛香与香脂的面向。在手工皂调香中，以苏合香搭配花香（尤其是带粉的花香，如 MIAROMA 花漾、茉莉、伊兰），可以调和花香过于浓郁的气味。与大西洋雪松搭配时，能带出别具一格的木质香气。

MIAROMA 花漾入皂效果佳，觉得气味太过于浓郁的香友，可以尝试以下配方：MIAROMA 花漾 1：苏合香 2，或是 MIAROMA 花漾 1：（苏合香 + 大西洋雪松）1。

搭配建议

以下建议的原料皆可以加入较高的剂量，来与苏合香搭配。其他没有提到的原料也可以与苏合香搭配，但不建议加入太高的剂量，需酌量添加。

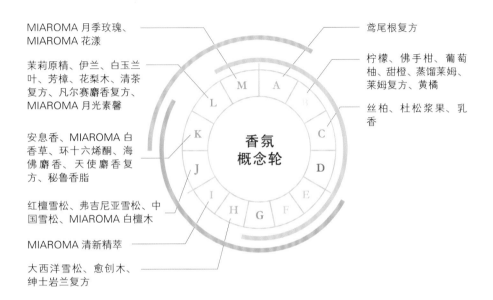

MIAROMA 月季玫瑰、MIAROMA 花漾

茉莉原精、伊兰、白玉兰叶、芳樟、花梨木、清茶复方、凡尔赛麝香复方、MIAROMA 月光素馨

安息香、MIAROMA 白香草、环十六烯酮、海佛麝香、天使麝香复方、秘鲁香脂

红檀雪松、弗吉尼亚雪松、中国雪松、MIAROMA 白檀木

MIAROMA 清新精萃

大西洋雪松、愈创木、绅士岩兰复方

鸢尾根复方

柠檬、佛手柑、葡萄柚、甜橙、蒸馏莱姆、莱姆复方、黄橘

丝柏、杜松浆果、乳香

香氛概念轮

示范配方 1

苏合香可以增加白玉兰叶和伊兰在成皂中的香气强度，并增加气味丰富性。

白玉兰叶	3g
伊兰	3g
苏合香	4g

示范配方 2

此配方可以作定香基底，苏合香加上大西洋雪松与秘鲁香脂，可以带出别具一格的香脂、木质香气。

苏合香	4g
大西洋雪松	3g
秘鲁香脂	3g

示范配方 3

以此配方为基础，再搭配区块 L、M 的原料，可以柔和且凸显出区块 L、M 原料的气味表现。

苏合香	5g
凡尔赛麝香复方	1g
鸢尾根复方	4g

示范配方 4

此配方以示范配方 3 为基础，再搭配区块 L、M 的原料，以苦橙叶与伊兰为例，示范配方 3 柔和了苦橙叶的特殊气味，也让伊兰与苦橙叶两者的搭配不显冲突。

示范配方 3	7g
苦橙叶	2g
伊兰	1g

安息香

英文名称 Benzoin
拉丁学名 *Styrax benzoin*

百分之百的安息香为琥珀色块状，市售的液态安息香是已加入溶剂的产品。购买时应该注意：1. 安息香树脂的浓度；2. 液态安息香的溶剂为何物？安息香树脂的浓度若是太低，安息香香气不足，也无定香功效。

安息香所使用的溶剂常见的有两种：醇类、塑化剂。醇类溶剂若是在液态安息香中所占比例太高，将会加速皂化，其中，酒精溶剂则是不论含量多少，均容易加速皂化。

所以，购买安息香时建议选择 40% ~ 60%in 醇类（DPG/MPG）的浓度，以免安息香树脂浓度太低，无法达到定香效果，或是因溶剂含量过高加速皂化（安息香 10% in DPG，等于 100g 产品含有 90g DPG 溶剂，仅有安息香 10g）。

表面气味
3
●●●○○○○○○○

泡沫气味
1.5
●◐○○○○○○○○

肌肤气味
2
●●○○○○○○○○

搭配建议

以下建议的原料皆可以加入较高的剂量，来与安息香搭配。其他没有提到的原料也可以与安息香搭配，但不建议加入太高的剂量，需酌量添加。

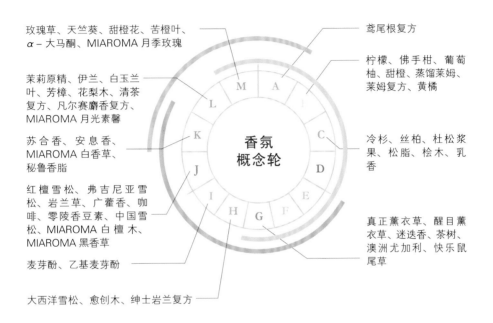

玫瑰草、天竺葵、甜橙花、苦橙叶、α−大马酮、MIAROMA 月季玫瑰

茉莉原精、伊兰、白玉兰叶、芳樟、花梨木、清茶复方、凡尔赛麝香复方、MIAROMA 月光素馨

苏合香、安息香、MIAROMA 白香草、秘鲁香脂

红檀雪松、弗吉尼亚雪松、岩兰草、广藿香、咖啡、零陵香豆素、中国雪松、MIAROMA 白檀木、MIAROMA 黑香草

麦芽酚、乙基麦芽酚

大西洋雪松、愈创木、绅士岩兰复方

鸢尾根复方

柠檬、佛手柑、葡萄柚、甜橙、蒸馏莱姆、莱姆复方、黄橘

冷杉、丝柏、杜松浆果、松脂、桧木、乳香

真正薰衣草、醒目薰衣草、迷迭香、茶树、澳洲尤加利、快乐鼠尾草

香氛概念轮

示范配方 1

安息香最容易上手的就是与区块 H、I、J、K 的原料搭配。

大西洋雪松	4g
安息香 50% in DPG	6g
乙基麦芽酚	0.2g

示范配方 2

以示范配方 1 为基础，再加入区块 G、L、M 的原料。示范配方 1 在此配方中可衬托出茶香，更显茶味的甜与暖香。

示范配方 1	3g
清茶复方	4g
快乐鼠尾草	3g

示范配方 3

以此配方为基准，适合再加入伊兰、茉莉、玫瑰、白玉兰叶、真正薰衣草，能加强花香、果香的表现。也可以直接加入 p.164 的薰衣草恋人、p.163 的土耳其玫瑰等花香配方。

安息香 50% in DPG	7g
乙基麦芽酚	0.1g
凡尔赛麝香复方	3g

香氛
概念轮
K

香草醛／乙基香草醛

英文名称 Vanillin（香草醛）、Ethyl Vanillin（乙基香草醛）

◀ 香草醛结构式

◀ 乙基香草醛结构式

香草醛与乙基香草醛是常用的食品原料。一般食品原料商店中所贩售的为液态或粉状香草精，液态香草精通常含有醇类溶剂，会加速皂化；粉状的香草精多数含有淀粉，两者都不建议使用在调香中。香草醛与乙基香草醛在香水调香中气味与效果不太一样，后者气味较甜，也较容易操作。入皂时，在整体香氛配方中的建议用量为 0.5% ~ 5%。

表面气味

7

●●●●●●●○○

泡沫气味

4.5

●●●●◐○○○○

肌肤气味

6

●●●●●●○○

搭配建议

以下建议的原料皆可以加入较高的剂量，来与香草（香草醛／乙基香草醛）搭配。其他没有提到的原料也可以与香草搭配，但不建议加入太高的剂量，需酌量添加。

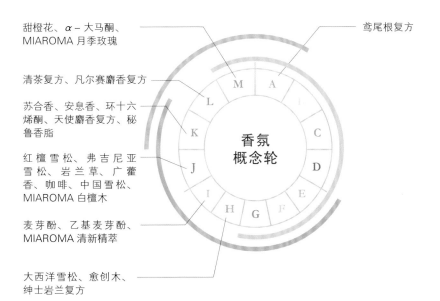

甜橙花、α－大马酮、MIAROMA 月季玫瑰

清茶复方、凡尔赛麝香复方

苏合香、安息香、环十六烯酮、天使麝香复方、秘鲁香脂

红檀雪松、弗吉尼亚雪松、岩兰草、广藿香、咖啡、中国雪松、MIAROMA 白檀木

麦芽酚、乙基麦芽酚、MIAROMA 清新精萃

大西洋雪松、愈创木、绅士岩兰复方

鸢尾根复方

香氛概念轮

示范配方 1

甜橙是最受欢迎的入皂精油之一，缺点是香气于晾皂后变得微弱，少量的乙基麦芽酚与乙基香草醛能加强甜橙的气味，但过量的话会掩盖住甜橙的气味。

乙基麦芽酚	0.1g
乙基香草醛	0.05g
十倍甜橙	9.85g

示范配方 2

乙基香草醛＋花香，建议再搭配少量凡尔赛麝香复方，除了能使花香的气味扩散力更好之外，也能加强皂体、泡沫、与肌肤气味的表现性。

乙基香草醛	0.3g
土耳其玫瑰（p.163）或	
玫瑰红茶（p.162）	9g
凡尔赛麝香复方	1g

示范配方 3

从示范配方 1 的延伸变化，加入辛香与木质香气，营造节庆氛围。

3-1	示范配方 1	7.5g
	锡兰肉桂	0.5g
	MIAROMA 白檀木	2g
	α－大马酮	0.1g
3-2	MIAROMA 黑香草	5g
	十倍甜橙	4g
	锡兰肉桂	1g

香草的不同面向与应用

MIAROMA 黑香草
黑香草变身为沉静檀香

檀香的香气，常出现在庙宇、宗教仪式上，被视为安宁、定神的气味。不过，真正的东印度檀香与其精油，与我们在寺庙中闻到的香火气味相去甚远。很多皂友发现，即使使用了品质良好的东印度檀香精油，入皂后的气味表现仍不尽如人意，甚至要付出更高的成本。

这里提供一个以黑香草加入木质类精油，调和出大家熟悉的香火气味的配方。加入一点鸢尾根复方，可以增加木质香气的层次，并让整体香气表现更好。

示范配方

MIAROMA 黑香草	2g
鸢尾根复方	1g
岩兰草	3g
红檀雪松	4g

黑香草能为木质香气加分

MIAROMA 黑香草所表现出的是像咖啡、卡布奇诺的气味，手边原料不多的初学者，可以直接使用入皂；进阶调香者，可以试试再加入区块 J 中的木质原料及区块 K 的香脂原料，调配出沉稳、吸引人的木质香氛配方。

示范配方

岩兰草	4g
大西洋雪松	3g
MIAROMA 黑香草	3g

MIAROMA 白香草
带来有如奶油蛋糕的美味香气

MIAROMA 白香草所表现出的气味，并不是香草醛的冰淇淋气味，而是奶油蛋糕香气。主要原料并非香草醛，喜欢松软奶油蛋糕的香气的初学者，可以直接使用入皂，进阶调香者，可以将 MIAROMA 白香草与 MIAROMA 清新精萃调和，再加入区块 L、M 的原料，将配方转变为复古的女性香水香氛。

示范配方

MIAROMA 白香草	1g
MIAROMA 清新精萃	0.5g
伊兰	6g
玫瑰天竺葵	3g

香草醛
调和出甜点香气与花香味

想挑战单体的初学者，香草醛、乙基香草醛在手工皂调香中，最快上手的是往这两个面向发展：1. 甜点；2. 麝香 + 花香。

示范配方 1

仅用乙基香草醛入皂，香气过于单一，可以加入一些咖啡精油。加入天使麝香复方，可以让原本的甜点气味更柔软、扩散力更好，并能增强皂的泡沫与肌肤气味表现。

天使麝香复方	1g
咖啡	9g
乙基香草醛	0.5g

示范配方 2

以凡尔赛麝香复方搭配乙基香草醛，适合再搭配上区块 L、M 的花香原料或木质原料，发展为香水香氛。以此配方为基础，可以再搭配区块 L、M 的单方精油，或是花香主题的复方（如 p.166 伊人玫瑰、p.163 土耳其玫瑰、p.164 薰衣草之梦）。

凡尔赛麝香复方	9.5g
乙基香草醛	0.5g

纯香馥方系列 ——

天使麝香复方

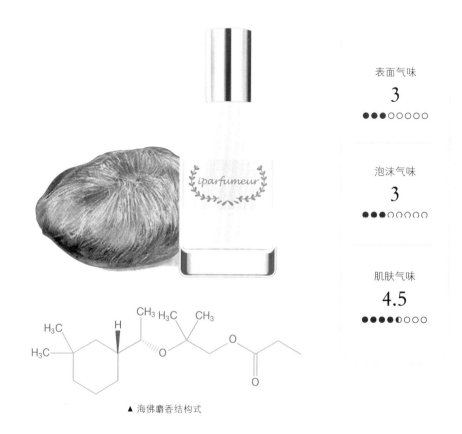

表面气味

3

●●●○○○○○

泡沫气味

3

●●●○○○○○

肌肤气味

4.5

●●●●◐○○○

▲ 海佛麝香结构式

以单一海佛麝香（Helvetolide）入皂，其气味表现差，远不如一些分类在高音的精油。天使麝香复方以脂环酯类的麝香为主，成分安全、环保，调和为复方后，气味洁净、怡人，特别适合与常用精油（区块 B、C、G、H）搭配，在保留精油气味特色下，达到加强各方面气味表现的效果，也可以作为定香剂使用。

搭配建议

以下建议的原料皆可以加入较高的剂量，来与天使麝香搭配。其他没有提到的原料也可以与天使麝香搭配，但不建议加入太高的剂量，需酌量添加。

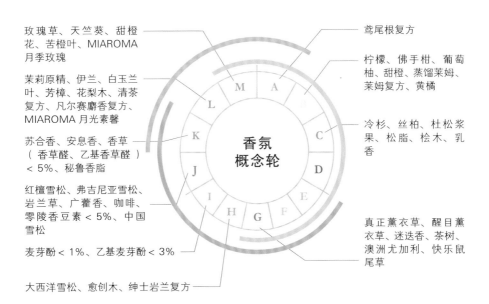

玫瑰草、天竺葵、甜橙花、苦橙叶、MIAROMA月季玫瑰

茉莉原精、伊兰、白玉兰叶、芳樟、花梨木、清茶复方、凡尔赛麝香复方、MIAROMA月光素馨

苏合香、安息香、香草（香草醛、乙基香草醛）< 5%、秘鲁香脂

红檀雪松、弗吉尼亚雪松、岩兰草、广藿香、咖啡、零陵香豆素 < 5%、中国雪松

麦芽酚 < 1%、乙基麦芽酚 < 3%

大西洋雪松、愈创木、绅士岩兰复方

鸢尾根复方

柠檬、佛手柑、葡萄柚、甜橙、蒸馏莱姆、莱姆复方、黄橘

冷杉、丝柏、杜松浆果、松脂、桧木、乳香

真正薰衣草、醒目薰衣草、迷迭香、茶树、澳洲尤加利、快乐鼠尾草

香氛概念轮

示范配方 1

以此配方为基础，适合继续加入常备的精油，例如薰衣草、迷迭香、茶树等。

鸢尾根复方	8g
天使麝香复方	2g
零陵香豆素	0.5g

示范配方 2

以示范配方 1 为基础，搭配真正薰衣草，再加入微量的区块 E、F 的原料。可以将难调配的甜茴香等原料的突出气味转而化为整体配方气味变化加分的气味。

示范配方 1	5.5g
真正薰衣草	4g
甜茴香	0.1g
伊兰	0.4g

示范配方 3

以示范配方 1 为基础，搭配常备精油原料，再加入橡树苔原精，呈现为清爽的草本男性香氛。

示范配方 1	5g
真正薰衣草	3g
迷迭香	1g
茶树	1g
橡树苔原精	0.5g

※ 以上示范的三种配方均可作为入皂的香水香氛。

香氛
概念轮
K

秘鲁香脂

英文名称 Peru Balsam
拉丁学名 *Myroxylon pereirae*

表面气味
3.5
●●●◐○○○○○

泡沫气味
2
●●○○○○○○○

肌肤气味
2.5
●●◐○○○○○○

秘鲁香脂有两种，一种为精制树脂，呈浓稠状，如沥青色；另一种为蒸馏过后取得的精油，颜色淡、流动性佳。两者皆能入皂使用，如介意颜色，建议选择淡色、流动性佳的秘鲁香脂。

秘鲁香脂入皂后的表现比安息香好，唯要注意，秘鲁香脂对肌肤有刺激性。

搭配建议

以下建议的原料皆可以加入较高的剂量，来与秘鲁香脂搭配。其他没有提到的原料也可以与秘鲁香脂搭配，但不建议加入太高的剂量，需酌量添加。

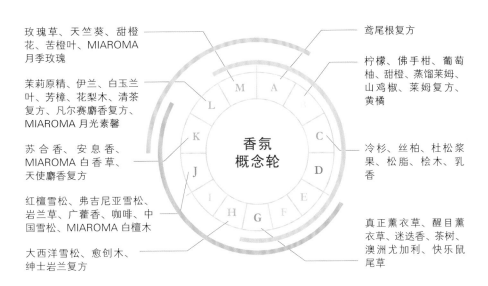

玫瑰草、天竺葵、甜橙花、苦橙叶、MIAROMA月季玫瑰

茉莉原精、伊兰、白玉兰叶、芳樟、花梨木、清茶复方、凡尔赛麝香复方、MIAROMA 月光素馨

苏合香、安息香、MIAROMA 白香草、天使麝香复方

红檀雪松、弗吉尼亚雪松、岩兰草、广藿香、咖啡、中国雪松、MIAROMA 白檀木

大西洋雪松、愈创木、绅士岩兰复方

鸢尾根复方

柠檬、佛手柑、葡萄柚、甜橙、蒸馏莱姆、山鸡椒、莱姆复方、黄橘

冷杉、丝柏、杜松浆果、松脂、桧木、乳香

真正薰衣草、醒目薰衣草、迷迭香、茶树、澳洲尤加利、快乐鼠尾草

香氛概念轮

示范配方 1

以此配方为基准，除可以柔和区块 B、C、G 的精油香气以外，也能让其气味表现更好。

秘鲁香脂	5g
鸢尾根复方	1g
绅士岩兰复方	4g

示范配方 2

秘鲁香脂带有隐约的肉桂辛香，搭配大西洋雪松，增加气味的丰富性。且大西洋雪松入皂后的皂体、泡沫、肌肤气味表现皆佳。

大西洋雪松	6g
秘鲁香脂	4g

示范配方 3

以示范配方 1 搭配薰衣草，除能保留薰衣草的气味特色外，还能带来较为优雅的中性薰衣草香水香氛；若以示范配方 2 搭配薰衣草，整体香气则为木质香气＋薰衣草香气。

真正薰衣草	5g
示范配方 1 或 2	5g

香氛
概念轮

L

茉莉原精

英文名称 Jasmine
拉丁学名 *Jasminum grandiflorum*

昂贵的茉莉原精使用在手工皂当中，最经济实惠的用法是：1.修饰花香配方的气味；2.让花香配方闻起来更天然、柔和。用量不需要很多，大概为整体香氛配方的 5%，就能够达到修饰效果。

传统茉莉香精所使用的单体，比如乙酸苄酯或吲哚，对初学者而言，都不是容易上手及能够与常用精油混搭的原料。乙酸苄酯对多数初学者而言像是卸甲油的气味，吲哚则像是水沟的气味。

花香原料如果来自天然，价格必定昂贵，香精多数闻起来过于廉价，所以这也是多数皂友比较少入手花香原料（不论天然还是香精）的原因。可以试试以白玉兰叶以及茉莉凝香体所调制的 MIAROMA 月光素馨，气味柔和，带有天然的茉莉香气。其他像是MIAROMA 晚香玉、MIAROMA 翩翩野姜，也可以替代茉莉原精。

表面气味

8

●●●●●●●●○○

泡沫气味

7.5

●●●●●●●◐○○

肌肤气味

6

●●●●●●○○○○

搭配建议

以下建议的原料皆可以加入较高的剂量，来与茉莉原精搭配。其他没有提到的原料也可以与茉莉原精搭配，但不建议加入太高的剂量，需酌量添加。

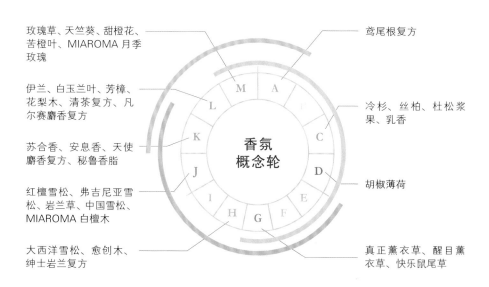

玫瑰草、天竺葵、甜橙花、苦橙叶、MIAROMA 月季玫瑰

伊兰、白玉兰叶、芳樟、花梨木、清茶复方、凡尔赛麝香复方

苏合香、安息香、天使麝香复方、秘鲁香脂

红檀雪松、弗吉尼亚雪松、岩兰草、中国雪松、MIAROMA 白檀木

大西洋雪松、愈创木、绅士岩兰复方

鸢尾根复方

冷杉、丝柏、杜松浆果、乳香

胡椒薄荷

真正薰衣草、醒目薰衣草、快乐鼠尾草

香氛概念轮

示范配方 1

此配方中的茉莉原精可以用 MIAROMA 月光素馨、MIAROMA 晚香玉、MIAROMA 翩翩野姜替代，能调出风情各异、含苞待放白色花的香味。

白玉兰叶	6.5g
伊兰	3g
茉莉原精	0.5g

示范配方 2

茉莉原精加上清茶复方，带来有如身入茉莉茶园的感觉。

佛手柑	2.5g
茉莉原精	0.5g
清茶复方	6g

示范配方 3

檀香＋白色花香的气味，适合用于蜡烛、线香、手工皂。

茉莉原精	1g
MIAROMA 白檀木	9g

伊兰

英文名称 Ylang-Ylang
拉丁学名 *Cananga odorata*

表面气味

6

●●●●●●○○

泡沫气味

6

●●●●●●○○

肌肤气味

3.5

●●●◐○○○○

伊兰，又叫作"穷人的茉莉"，比起茉莉它带有马厩混合香水百合的动物味儿，入皂效果虽好，但很多人不喜欢它的气味，认为闻起来太过于张扬。为平衡其张扬的气味，初学者可以使用区块 H、J 的原料，但整体会转变为以木质为主、花香为辅的香气。如想保留花香特色，可以使用清茶复方或是白玉兰叶精油来调整（比例为清茶复方 2 : 伊兰 8 或是白玉兰叶 5 : 伊兰 5 ）。

搭配建议

以下建议的原料皆可以加入较高的剂量，来与伊兰搭配。其他没有提到的原料也可以与伊兰搭配，但不建议加入太高的剂量，需酌量添加。

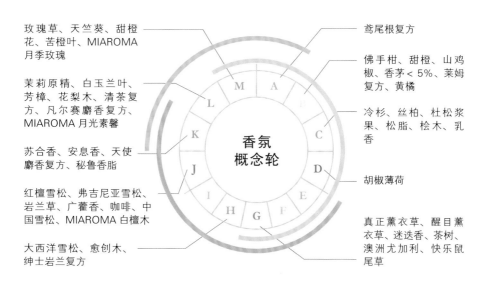

玫瑰草、天竺葵、甜橙花、苦橙叶、MIAROMA月季玫瑰

茉莉原精、白玉兰叶、芳樟、花梨木、清茶复方、凡尔赛麝香复方、MIAROMA月光素馨

苏合香、安息香、天使麝香复方、秘鲁香脂

红檀雪松、弗吉尼亚雪松、岩兰草、广藿香、咖啡、中国雪松、MIAROMA白檀木

大西洋雪松、愈创木、绅士岩兰复方

鸢尾根复方

佛手柑、甜橙、山鸡椒、香茅＜5%、莱姆复方、黄橘

冷杉、丝柏、杜松浆果、松脂、桧木、乳香

胡椒薄荷

真正薰衣草、醒目薰衣草、迷迭香、茶树、澳洲尤加利、快乐鼠尾草

香氛概念轮

示范配方 1

以区块 H、J 的原料调整伊兰气味，要注意的是区块 J 的广藿香、咖啡不适合大比例直接用于调整伊兰气味。

伊兰	4.5g
岩兰草	0.5g
弗吉尼亚雪松	3g
秘鲁香脂	2g

示范配方 2

区块 J 的广藿香、咖啡适合少量使用，修饰含有伊兰的花香复方，能让整体花香富有层次感。

伊兰	5g
凡尔赛玫瑰（p.163）	5g
广藿香	0.5g
乙基麦芽酚	0.2g

示范配方 3

以清茶复方修饰伊兰香气，并加入快乐鼠尾草，让整体香气偏向中性。

伊兰	4g
快乐鼠尾草	3g
清茶复方	3g

白玉兰叶

英文名称 Magnolia Leaves
拉丁学名 *Michelia alba*

表面气味

4

●●●●○○○○

泡沫气味

6

●●●●●●○○

肌肤气味

3

●●●○○○○○

花梨木为濒临绝种的天然原料之一，目前市面上七成以上的花梨木精油都为单体调和而成。但要注意的是，不管是百分之百的花梨木精油，还是调和的花梨木精油，其入皂效果都不佳，通常会以芳樟来替代，芳樟价格便宜，产地以中国为主。

不过在手工皂调香中，多数皂友选择花梨木或芳樟想要配出花香，但成品效果皆让人失望。我会建议以白玉兰叶替代，虽然三者均是以芳樟醇为主要成分的精油，但白玉兰叶的表现效果是三者当中最佳的。白玉兰叶可以柔和区块 G 原料的气味，不过搭配茶树、澳洲尤加利时，如要完全摆脱廉价药味，建议先跟鼠尾草、艾草、摩洛哥洋甘菊调和后，再加入白玉兰叶［比例为（茶树 9：艾草 1）7：白玉兰叶 3］。

搭配建议

以下建议的原料皆可以加入较高的剂量，来与白玉兰叶搭配。其他没有提到的原料也可以与白玉兰叶搭配，但不建议加入太高的剂量，需酌量添加。

玫瑰草、天竺葵、甜橙花、苦橙叶、MIAROMA 月季玫瑰

茉莉原精、伊兰、清茶复方、凡尔赛麝香复方、MIAROMA 月光素馨、MIAROMA 翩翩野姜、MIAROMA 晚香玉

苏合香、安息香、天使麝香复方、秘鲁香脂

红檀雪松、弗吉尼亚雪松、岩兰草、广藿香、咖啡、中国雪松、MIAROMA 白檀木

大西洋雪松、愈创木、绅士岩兰复方

鸢尾根复方

柠檬、佛手柑、葡萄柚、甜橙、蒸馏莱姆、山鸡椒、莱姆复方、黄橘

冷杉、丝柏、杜松浆果、松脂、桧木、乳香

胡椒薄荷

真正薰衣草、醒目薰衣草、迷迭香、茶树、澳洲尤加利、快乐鼠尾草

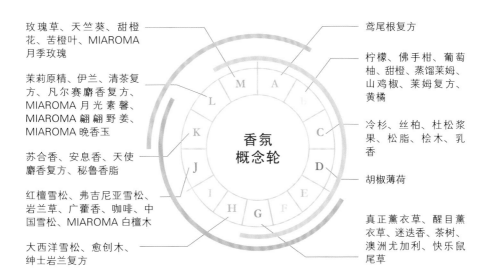

香氛概念轮

示范配方 1

芬多精的清绿气息中透出一抹花香。

桧木林之歌（p.166）	3g
白玉兰叶	7g

示范配方 2

真正薰衣草是最常用的单方精油之一，因此也最容易给予消费者闻起来差不多的印象，可以试试以下搭配。

白玉兰叶	3g
真正薰衣草	4.5g
伊兰	0.5g
清茶复方	2g

示范配方 3

可以此配方为基础，再加入区块 C、H 的原料做变化。

白玉兰叶	5g
伊兰	1g
秘鲁香脂	3g
鸢尾根复方	1g

纯香馥方系列 ——

清茶复方

► 茉莉酸甲酯结构式

表面气味

6

●●●●●●○○

泡沫气味

5.5

●●●●●◐○○

肌肤气味

5

●●●●●○○○

说到代表东方的气味，除了桧木以外，大家的第一印象必定是各种茶香，如乌龙茶、东方美人茶、包种茶。其中，红茶、绿茶、乌龙茶的确可以购买到原精，但气味与啜饮时感受的雅致余韵，相去甚远。

清茶复方的设计初衷，是以茉莉酸甲酯搭配上其他环保原料与单体，设计出一种能够广泛搭配的复方基底，搭配上不同的精油，可以变化出红茶、乌龙茶、绿茶等各种香水的配方。

茉莉酸甲酯（Methyl Jasmonate）存在于自然界中，最早于1962年在天然的大花茉莉中发现，气味清雅，但单独入皂时气味表现并不好，必须与其他单体搭配使用。

搭配建议

以下建议的原料皆可以加入较高的剂量，来与清茶复方搭配。其他没有提到的原料也可以与清茶复方搭配，但不建议加入太高的剂量，需酌量添加。

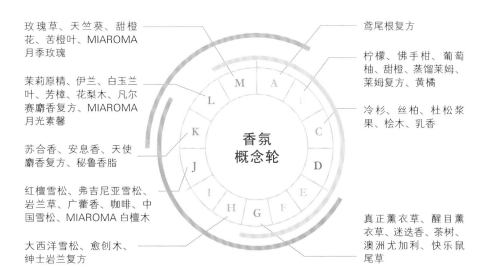

玫瑰草、天竺葵、甜橙花、苦橙叶、MIAROMA月季玫瑰

茉莉原精、伊兰、白玉兰叶、芳樟、花梨木、凡尔赛麝香复方、MIAROMA月光素馨

苏合香、安息香、天使麝香复方、秘鲁香脂

红檀雪松、弗吉尼亚雪松、岩兰草、广藿香、咖啡、中国雪松、MIAROMA白檀木

大西洋雪松、愈创木、绅士岩兰复方

鸢尾根复方

柠檬、佛手柑、葡萄柚、甜橙、蒸馏莱姆、莱姆复方、黄橘

冷杉、丝柏、杜松浆果、桧木、乳香

真正薰衣草、醒目薰衣草、迷迭香、茶树、澳洲尤加利、快乐鼠尾草

示范配方 1

初学者手上如果原料不多，不足以调配出书中的玫瑰红茶、乌龙茶、绿茶等配方，可以试试这个基本的茶香配方。此配方适合固体皂、液体皂、蜡烛，香气为雅致且持久的清淡茶香。

清茶复方	6g
鸢尾根复方	1g
快乐鼠尾草	3g

示范配方 2

清茶复方除了搭配出茶香外，也可以加入其他精油或复方，来调制其他香水香氛。

醒目薰衣草	3g
天竺葵	0.5g
清茶复方	3g
绅士岩兰复方	1g

纯香馥方系列 ——

凡尔赛麝香复方

▶ 环十六烯酮结构式

表面气味

6

●●●●●●○○

泡沫气味

5.5

●●●●●◐○○

肌肤气味

5

●●●●●○○○

凡尔赛麝香复方使用可分解的环保麝香——环十六烯酮（Velvione），带有宝宝肌肤般柔软、粉嫩的温暖气味，与天使麝香复方带有沐浴后干净气息的香味不同。凡尔赛麝香复方主要用于调和柑橘类、花香类、木质类精油，可以加强整体香气的扩散力，以及皂体、泡沫、肌肤气味的表现。

搭配建议

以下建议的原料皆可以加入较高的剂量，来与凡尔赛麝香复方搭配。其他没有提到的原料也可以与凡尔赛麝香复方搭配，但不建议加入太高的剂量，需酌量添加。

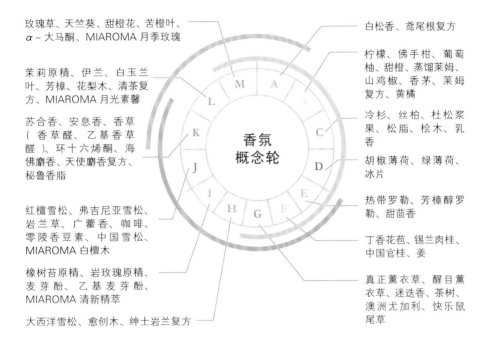

玫瑰草、天竺葵、甜橙花、苦橙叶、α – 大马酮、MIAROMA 月季玫瑰

茉莉原精、伊兰、白玉兰叶、芳樟、花梨木、清茶复方、MIAROMA 月光素馨

苏合香、安息香、香草（香草醛、乙基香草醛）、环十六烯酮、海佛麝香、天使麝香复方、秘鲁香脂

红檀雪松、弗吉尼亚雪松、岩兰草、广藿香、咖啡、零陵香豆素、中国雪松、MIAROMA 白檀木

橡树苔原精、岩玫瑰原精、麦芽酚、乙基麦芽酚、MIAROMA 清新精萃

大西洋雪松、愈创木、绅士岩兰复方

白松香、鸢尾根复方

柠檬、佛手柑、葡萄柚、甜橙、蒸馏莱姆、山鸡椒、香茅、莱姆复方、黄橘

冷杉、丝柏、杜松浆果、松脂、桧木、乳香

胡椒薄荷、绿薄荷、冰片

热带罗勒、芳樟醇罗勒、甜茴香

丁香花苞、锡兰肉桂、中国官桂、姜

真正薰衣草、醒目薰衣草、迷迭香、茶树、澳洲尤加利、快乐鼠尾草

示范配方 1

怀旧的儿时经典宝宝粉香。

凡尔赛麝香复方	3g
鸢尾根复方	2g
秘鲁香脂	3g
佛手柑	2g

示范配方 2

凡尔赛麝香只要少量使用就能达到增强区块 L、M 精油扩散力与其肌肤气味表现的效果。

伊兰	4g
白玉兰叶	2g
佛手柑	3g
凡尔赛麝香复方	1g

示范配方 3

搭配常用的木质香气后，适合再加入微量的辛香原料（区块 E、F），再继续加入常用的精油（区块 B、C、G）就可以做出有质感、不落俗套的香氛配方。可以再加入鲜姜、锡兰肉桂、罗勒、甜茴香（用量建议 < 0.05g），或茶树、迷迭香、醒目薰衣草、胡椒薄荷、乳香等常备精油（用量建议为 5g 以内）。

凡尔赛麝香复方	1g
岩兰草	3g
大西洋雪松	6g

玫瑰草 / 马丁香

英文名称 Palmarosa

拉丁学名 *Cymbopogon martinii*

表面气味

4

●●●●○○○○

泡沫气味

5

●●●●●○○○

肌肤气味

2

●●○○○○○○

玫瑰草比起天竺葵更适合与区块 B 的柑橘类精油搭配，而且能够平衡山鸡椒、柠檬香茅、香茅的廉价感气味，带来的效果是天竺葵无法替代的。

如果不喜欢柠檬香茅、香茅气味，可以试试用玫瑰草调和，比例为玫瑰草 1：柠檬香茅 2，或玫瑰草 2：香茅 1。

搭配建议

以下建议的原料皆可以加入较高的剂量，来与玫瑰草搭配。其他没有提到的原料也可以与玫瑰草搭配，但不建议加入太高的剂量，需酌量添加。

天竺葵、甜橙花、苦橙叶、α-大马酮、MIAROMA 月季玫瑰

茉莉原精、伊兰、白玉兰叶、芳樟、花梨木、清茶复方、凡尔赛麝香复方、MIAROMA 月光素馨

苏合香、安息香、香草（香草醛、乙基香草醛）、环十六烯酮、海佛麝香、天使麝香复方、秘鲁香脂

红檀雪松、弗吉尼亚雪松、岩兰草、广藿香、咖啡、零陵香豆素、中国雪松、MIAROMA 白檀木

橡树苔原精、岩玫瑰原精、麦芽酚、乙基麦芽酚、MIAROMA 清新精萃

大西洋雪松、愈创木、绅士岩兰复方

白松香、鸢尾根复方

柠檬、佛手柑、葡萄柚、甜橙、蒸馏莱姆、山鸡椒、香茅、莱姆复方、黄橘

冷杉、丝柏、杜松浆果、松脂、桧木、乳香

胡椒薄荷、绿薄荷、冰片

热带罗勒、芳樟醇罗勒、甜茴香

丁香花苞、锡兰肉桂、中国官桂、姜

真正薰衣草、醒目薰衣草、迷迭香、茶树、澳洲尤加利、快乐鼠尾草

示范配方 1

柑橘果香。
比起单纯使用佛手柑或区块 B 的柑橘类精油，加入玫瑰草、甜橙花，能够加强柑橘类精油入皂的气味表现。

佛手柑	5g
玫瑰草	1g
芳樟	3g
甜橙花	1g

示范配方 2

玫瑰草的果香可以让伊兰闻起来不那么浓。

玫瑰草	5g
伊兰	2g
安息香	3g

示范配方 3

如果不喜欢柠檬香茅的气味，可以加入玫瑰草调和。

玫瑰草	2g
柠檬香茅	4g
松脂	3.5g
胡椒薄荷	0.5g

波旁天竺葵

英文名称 Geranium Bourbon

拉丁学名 *Pelargonium asperum*

表面气味

4.5

●●●●◐○○○

泡沫气味

5

●●●●●○○○

肌肤气味

2

●●○○○○○○

天竺葵因产地不同，气味各异，市售最常见的不外乎玫瑰天竺葵、波旁天竺葵、中国天竺葵。在香水调香中，天竺葵往往是微量使用，约莫占整体香氛配方的 0.5% 以内，主要是用来修饰前调。

波旁天竺葵与中国天竺葵入皂效果较佳，但购买天竺葵的皂友，多数会盼望用天竺葵来调制出昂贵的玫瑰气味，实际成效却往往令人失望。在 p.153 示范配方 1 中会教大家如何使用天竺葵来调制出玫瑰的气味。

搭配建议

以下建议的原料皆可以加入较高的剂量，来与波旁天竺葵搭配。其他没有提到的原料也可以与波旁天竺葵搭配，但不建议加入太高的剂量，需酌量添加。

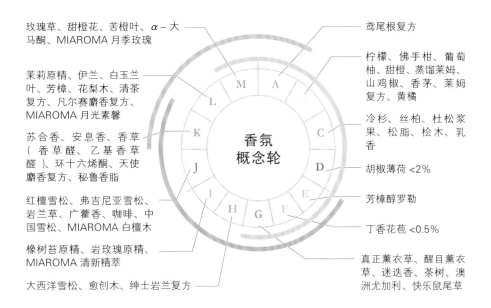

玫瑰草、甜橙花、苦橙叶、α－大马酮、MIAROMA 月季玫瑰

茉莉原精、伊兰、白玉兰叶、芳樟、花梨木、清茶复方、凡尔赛麝香复方、MIAROMA 月光素馨

苏合香、安息香、香草（香草醛、乙基香草醛）、环十六烯酮、天使麝香复方、秘鲁香脂

红檀雪松、弗吉尼亚雪松、岩兰草、广藿香、咖啡、中国雪松、MIAROMA 白檀木

橡树苔原精、岩玫瑰原精、MIAROMA 清新精萃

大西洋雪松、愈创木、绅士岩兰复方

鸢尾根复方

柠檬、佛手柑、葡萄柚、甜橙、蒸馏莱姆、山鸡椒、香茅、莱姆复方、黄橘

冷杉、丝柏、杜松浆果、松脂、桧木、乳香

胡椒薄荷 <2%

芳樟醇罗勒

丁香花苞 <0.5%

真正薰衣草、醒目薰衣草、迷迭香、茶树、澳洲尤加利、快乐鼠尾草

香氛概念轮

示范配方 1

此配方适合入皂使用，如要制作玫瑰香水，建议将波旁天竺葵剂量与苯乙醇互换。

波旁天竺葵	6.5g
玫瑰草	1g
苯乙醇	2g
α－大马酮	0.5g
丁香花苞	0.02g

示范配方 2

比起示范配方 1，此配方果香味更为明显。

白玉兰叶	1g
波旁天竺葵	3.5g
玫瑰草	2g
苯乙醇	2g
α－大马酮	0.5g
丁香花苞	0.02

示范配方 3

示范配方 1 与示范配方 2 均适合作基底，再搭配任一种麝香，就是适合入皂的简易版玫瑰香水配方。

示范配方 1 或 2	8g
凡尔赛麝香复方	2g

α – 大马酮

英文名称 Damascone Alpha

▲ α – 大马酮结构式

调香常用的大马酮系列有：α – 大马酮、β – 大马酮、γ – 大马酮、δ – 大马酮、大马酮等。此系列原料气味与用法各异，比如高剂量的 β – 大马酮可以做出醇厚的香槟果香，低剂量的大马酮则能带出蜜甜感。α – 大马酮与 γ – 大马酮的气味则没有那么偏蜜渍梅李，而是带点草本气息。

其中，α – 大马酮价格较为合算，与精油搭配广，从草本到花香、果香，可以做出不同的配方，故推荐给刚开始接触单体的初学者。α – 大马酮气味强烈，占配方总量的 0.1% 即有效果（低剂量适合修饰草本、木质气味），建议用量为整体配方的 0.1%~5%（整体配方 0.1% ＝α – 大马酮 0.01g ＋其他精油 9.99g；整体配方 5% ＝α – 大马酮 0.5g ＋其他精油 9.95g）。

表面气味

8
●●●●●●●●○○

泡沫气味

8
●●●●●●●●○○

肌肤气味

8
●●●●●●●●○○

搭配建议

以下建议的原料皆可以加入较高的剂量，来与 α – 大马酮搭配。其他没有提到的原料也可以与 α – 大马酮搭配，但不建议加入太高的剂量，需酌量添加。

玫瑰草、天竺葵、甜橙花、苦橙叶、MIAROMA 月季玫瑰

茉莉原精、伊兰、白玉兰叶、芳樟、花梨木、清茶复方、凡尔赛麝香复方、MIAROMA 月光素馨

苏合香、安息香、天使麝香复方、秘鲁香脂

红檀雪松、弗吉尼亚雪松、岩兰草、广藿香、咖啡、中国雪松、MIAROMA 白檀木

大西洋雪松、愈创木、绅士岩兰复方

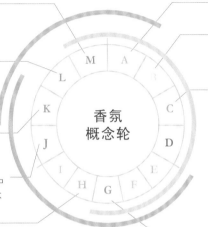

鸢尾根复方

佛手柑、甜橙、蒸馏莱姆、莱姆复方、黄橘

冷杉、丝柏、杜松浆果

真正薰衣草、醒目薰衣草、迷迭香、快乐鼠尾草

示范配方 1

苦恼于锡兰肉桂与干姜不好搭配的初学者，可以尝试将锡兰肉桂与 α – 大马酮相搭，直接将冷杉与锡兰肉桂相搭，配方会显得突兀，加入一点奶油蛋糕香与 α – 大马酮的果香，整体配方可以带出圣诞树的气息。

锡兰肉桂	0.05g
干姜	0.05g
α – 大马酮	0.2g
冷杉	5g
MIAROMA 白香草	5g

示范配方 2

低剂量的 α – 大马酮可以增加柑橘气味的变化性。

佛手柑	4g
甜橙	6g
乙基麦芽酚	0.1g
α – 大马酮	0.1g

示范配方 3

适合入皂的中性香水调配方。

α – 大马酮	0.05g
鸢尾根复方	3g
绅士岩兰复方	4g
天使麝香复方	3g

香氛
概念轮
M

苯乙醇

英文名称 Phenylethyl Alcohol

OH

▲ 苯乙醇结构式

表面气味

5

●●●●●○○○

泡沫气味

4

●●●●○○○○

肌肤气味

2

●●○○○○○○

苯乙醇是常用于调配玫瑰香气的单体之一，于调香中低量使用即能在整体香气中呈现出花的香感。入皂使用时，要注意加入高比例时会加速皂化（占整体配方 10% 以上即能观察到加速皂化的情况），除了调制玫瑰香气外，还能用于增加柑橘类、木质类的气味丰富度，或是用于柔和区块 L、M 精油原料的气味。

苯乙醇也可以直接用麝香玫瑰香型的 MIAROMA 月季玫瑰替代，MIAROMA 月季玫瑰单独入皂效果就很好，但注意过高剂量会容易掩盖其他精油的特色。

搭配建议

以下建议的原料皆可以加入较高的剂量，来与苯乙醇搭配。其他没有提到的原料也可以与苯乙醇搭配，但不建议加入太高的剂量，需酌量添加。

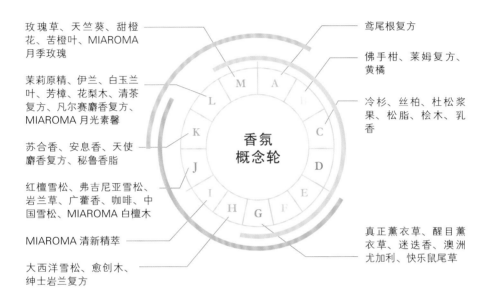

玫瑰草、天竺葵、甜橙花、苦橙叶、MIAROMA月季玫瑰

茉莉原精、伊兰、白玉兰叶、芳樟、花梨木、清茶复方、凡尔赛麝香复方、MIAROMA 月光素馨

苏合香、安息香、天使麝香复方、秘鲁香脂

红檀雪松、弗吉尼亚雪松、岩兰草、广藿香、咖啡、中国雪松、MIAROMA 白檀木

MIAROMA 清新精萃

大西洋雪松、愈创木、绅士岩兰复方

鸢尾根复方

佛手柑、莱姆复方、黄橘

冷杉、丝柏、杜松浆果、松脂、桧木、乳香

真正薰衣草、醒目薰衣草、迷迭香、澳洲尤加利、快乐鼠尾草

香氛概念轮

示范配方 1

以苯乙醇来丰富木质精油的香气，即使加入岩兰草，也不需要担心气味过于突出，苯乙醇能柔和其气味。

大西洋雪松	6g
岩兰草	2g
苯乙醇	2g

示范配方 2

加入一点苯乙醇能够让常用精油配方的气味增加变化性。

迷迭香	2g
真正薰衣草	7g
苯乙醇	1g

示范配方 3

简单地用苯乙醇搭配纯香馥方系列，就可以调制出能入皂也能稀释后当香水的配方。

苯乙醇	2g
绅士岩兰复方	6g
天使麝香复方	2g

香氛
概念轮
M

甜橙花

英文名称 Sweet Orange Flower
拉丁学名 *Citrus sinensis*

表面气味
8
●●●●●●●●○○

泡沫气味
7.5
●●●●●●●◐○○

肌肤气味
6
●●●●●●○○○○

苦橙叶有"穷人的橙花"之称，不过相比之下，甜橙花更适合这个称呼。虽然价格较昂贵，但少量使用就能修饰香茅、柠檬香茅的廉价感气味，甚至还能够调配出仿马鞭草的气味。

搭配建议

以下建议的原料皆可以加入较高的剂量，来与甜橙花搭配。其他没有提到的原料也可以与甜橙花搭配，但不建议加入太高的剂量，需酌量添加。

玫瑰草、天竺葵、苦橙叶、MIAROMA 月季玫瑰

茉莉原精、伊兰、白玉兰叶、芳樟、花梨木、清茶复方、凡尔赛麝香复方、MIAROMA 月光素馨

苏合香、秘鲁香脂

红檀雪松、弗吉尼亚雪松、岩兰草、中国雪松、MIAROMA 白檀木

鸢尾根复方

柠檬、佛手柑、葡萄柚、甜橙、蒸馏莱姆、山鸡椒、香茅＜5%、莱姆复方、黄橘

冷杉、丝柏、杜松浆果、松脂、桧木、乳香

真正薰衣草、醒目薰衣草、迷迭香、茶树、澳洲尤加利、快乐鼠尾草

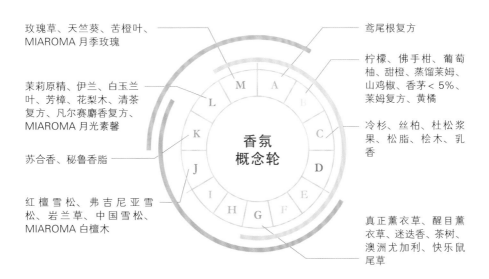

香氛概念轮

示范配方 1

仿柠檬马鞭草气味。此配方适合用于扩香、室内喷雾、液体皂、手工皂等。

山鸡椒	4g
柠檬香茅	2g
甜橙	2g
玫瑰草	1g
甜橙花	0.3g
绿薄荷	0.1g
松脂	0.5g

示范配方 2

适量的甜橙花加上清茶复方、天使麝香复方，简单却能模仿出市售橙花香水的配方。气味较偏女性。

甜橙	1g
佛手柑	2g
天使麝香复方	2g
清茶复方	3g
甜橙花	2g

示范配方 3

简易版市售橙花香水，整体气味偏中性。

甜橙花	1g
清茶复方	3g
鸢尾根复方	1g
绅士岩兰复方	5g

苦橙叶

英文名称 Petitgrain

拉丁学名 *Citrus aurantium bigarade*

表面气味

6

●●●●●●○○

泡沫气味

6

●●●●●●○○

肌肤气味

3.5

●●●◐○○○○

苦橙叶在调香当中常用于男性、中性、柑橘古龙香氛中，用来带出绿叶和折开嫩枝的气味。

许多初学者认为苦橙叶的气味不好调配，有些人一贯使用百搭的薰衣草、花梨木、芳樟来搭配苦橙叶，但这样的配方却也让苦橙叶失去了特色，可以参考 p.161 示范配方 1 的搭配方式。

搭配建议

以下建议的原料皆可以加入较高的剂量，来与苦橙叶搭配。其他没有提到的原料也可以与苦橙叶搭配，但不建议加入太高的剂量，需酌量添加。

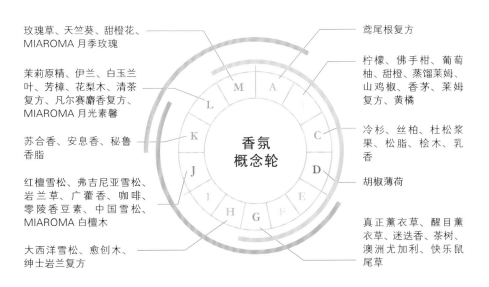

玫瑰草、天竺葵、甜橙花、MIAROMA 月季玫瑰

茉莉原精、伊兰、白玉兰叶、芳樟、花梨木、清茶复方、凡尔赛麝香复方、MIAROMA 月光素馨

苏合香、安息香、秘鲁香脂

红檀雪松、弗吉尼亚雪松、岩兰草、广藿香、咖啡、零陵香豆素、中国雪松、MIAROMA 白檀木

大西洋雪松、愈创木、绅士岩兰复方

鸢尾根复方

柠檬、佛手柑、葡萄柚、甜橙、蒸馏莱姆、山鸡椒、香茅、莱姆复方、黄橘

冷杉、丝柏、杜松浆果、松脂、桧木、乳香

胡椒薄荷

真正薰衣草、醒目薰衣草、迷迭香、茶树、澳洲尤加利、快乐鼠尾草

示范配方 1

简易版的绿意柑橘古龙基底。以此配方为基底，可以再加入其他精油加以变化。

甜橙	1g
佛手柑	2g
苦橙叶	3g
绅士岩兰复方	4g

示范配方 2

在示范配方 1 中加入一些辛香、草本元素，将其调整为适合男性使用的刮胡皂配方气味。

示范配方 1	10g
丁香花苞	0.05g
芳樟醇罗勒	0.2g
胡椒薄荷	0.05g
零陵香豆素	0.1g

示范配方 3

在示范配方 1 中加入鸢尾根复方，并加入凡尔赛麝香，整体气味会带有婴儿肌肤般的温暖粉香，适合不喜欢茉莉或玫瑰香气，偏爱中性花香的皂友。

示范配方 1	6g
鸢尾根复方	3g
凡尔赛麝香复方	1g

进阶调香配方

在前面每种原料介绍里，几乎都提供了三款示范配方，目的是让初学者熟悉原料的气味与应用，并对原料可搭配的香气类型有基本认识，所以每种配方的原料以 3 ~ 5 种为主，让手边香氛原料不多的新手，也能够调制出好闻、变化多的香氛配方。

接下来则是提供给进阶者的更具主题性、更为多变的配方。因为使用的精油原料也更多一些，建议拉长陈香时间至一个月。

台湾茶系列

玫瑰红茶

清茶复方	8g
α – 大马酮	0.1g
苯乙醇	0.6g
波旁天竺葵	0.3g
乙基麦芽酚	0.05g
零陵香豆素	0.1g
天使麝香复方	1g

Tip：
此香氛配方会稍微加速皂化，引起变色。

乌龙茶

清茶复方	4g
快乐鼠尾草	3.5g
植物油：松焦油	1g
愈创木	1g
鸢尾根复方	0.5g
零陵香豆素	0.1g
乙基麦芽酚	0.05g
岩兰草	0.1g

经典绿茶

佛手柑	3.5g
鸢尾根复方	1g
清茶复方	4g
凡尔赛麝香复方	0.5g
绅士岩兰复方	0.5g
零陵香豆素	0.5g

香水调系列

绿意柑橘

白松香	1g
莱姆复方	6.4g
鸢尾根复方	1.5g
天使麝香复方	1g
乙基麦芽酚	0.2g

经典 19 号

佛手柑	3g
白松香	1g
鸢尾根复方	2g
凡尔赛麝香复方	2g
MIAROMA 白檀木	2g

莫希托

莱姆复方	7.5g
绿薄荷	0.5g
鸢尾根复方	1g
天使麝香复方	1g

轻舞橘绿

柠檬	5g
甜橙	5g
鸢尾根复方	1g
凡尔赛麝香复方	1g
丁香	3 滴
绅士岩兰复方	5g

延伸变化：
取 " 轻舞橘绿 "9.95g + 白松香 0.05g。

橘绿古龙

柠檬	3g
甜橙	1.5g
苦橙叶	0.5g
甜橙花	0.5g
鸢尾根复方	0.5g
绅士岩兰复方	4g
天使麝香复方	0.5g

延伸变化：
取 " 橘绿古龙 "9.95g + 莱姆复方 0.05g。

玫瑰系列

土耳其玫瑰

波旁天竺葵	6.5g
玫瑰草	1g
苯乙醇	2g
α – 大马酮	0.5g
丁香花苞	0.02g

Tip:
此香氛配方会稍微加速
皂化，引起变色。

丁香花苞玫瑰

秘鲁香脂	3.5g
丁香花苞	0.1g
土耳其玫瑰	4.4g
凡尔赛麝香复方	2g

凡尔赛玫瑰

土耳其玫瑰	7g
凡尔赛麝香复方	2g
甜橙	1.5g

常用精油变化

● 薰衣草

薰衣草恋人

土耳其玫瑰（请见p.163）	4.8g
真正薰衣草	3.2g

薰衣草之梦

醒目薰衣草	6.5g
凡尔赛麝香复方	3g
鸢尾根复方	0.5g

● 胡椒薄荷

夏日森林薄荷

莱姆复方	5g
胡椒薄荷	2g
大西洋雪松	3g

薄荷汽水

莱姆复方	7g
或	
蒸馏莱姆 6.3g + 山鸡椒 0.7g	
胡椒薄荷	3g
乙基香草醛	0.1g

薄荷变奏 1

胡椒薄荷	4g
绿薄荷	2g
鸢尾根复方	1g
弗吉尼亚雪松	3g

薄荷变奏 2

胡椒薄荷	8.4g
咖啡	1g
乙基麦芽酚	0.05g
乙基香草醛	0.05g

● 广藿香

恋恋广藿香

广藿香	1.5g
秘鲁香脂	3g
土耳其玫瑰（请见 p.163）	3.2g
凡尔赛麝香复方	2g
乙基麦芽酚	0.1g
乙基香草醛	0.2g

广藿香变奏

广藿香	8.7g
咖啡	1g
乙基香草醛	0.2g
乙基麦芽酚	0.1g

● 柑橘类

柠檬苏打

柠檬	6g
山鸡椒	1.5g
松脂	2.5g

延伸变化 1：
取 " 柠檬苏打 "9.9g + 绿薄荷 0.1g。

延伸变化 2：
取 " 柠檬苏打 "9.5g + 胡椒薄荷 0.5g。

延伸变化 3：
取 " 柠檬苏打 "9.95g + 鲜姜 0.05g。

香橙森林

柠檬	5g
蒸馏莱姆	1g
鸢尾根复方	1g
大西洋雪松	3g

西西里佛手柑

佛手柑	7.5g
柠檬	2.9g
苦橙叶	3g
快乐鼠尾草	0.1g
山鸡椒	0.1g

● 澳洲尤加利、蓝桉尤加利

茶树尤加利

茶树	3g
澳洲尤加利	3g
甜茴香	0.5g
白玉兰叶	1g
大西洋雪松	2g
绿薄荷	0.5g

Tip：
配方中的澳洲尤加利可以用蓝桉尤加利替代。

木之尤加利

澳洲尤加利	3g
红檀雪松	5g
松脂	2g
冷杉	1g

延伸变化 1：
取 " 木之尤加利 "9.5g + 绿薄荷 0.5g。

延伸变化 2：
取 " 木之尤加利 "9.5g + 冰片 0.1g。

延伸变化 3：
取 " 木之尤加利 "9.5g + 胡椒薄荷 1g。

延伸变化 4：
取 " 木之尤加利 "9.5g + 摩洛哥洋甘菊 2g。

● 香茅

香茅变奏

香茅	2g
山鸡椒	1g
柠檬	3g
甜茴香	1g
真正薰衣草	1.5g
鸢尾根复方	1.5g

Tip：
如果不喜欢香茅的香气，可以用柠檬香茅替代。

● 替代桧木的纯精油配方

桧木林之歌

岩兰草	1.5g
弗吉尼亚雪松	1.5g
鲜姜	0.1g
樟脑迷迭香	0.2g
摩洛哥洋甘菊	0.5g
山鸡椒	0.2g
大西洋雪松	2g
安息香	2.5g
松脂	1.5g

难调精油的搭配与变化

● 伊兰

伊人玫瑰

真正薰衣草	2g
伊兰	2g
土耳其玫瑰（请见 p.163 ）	3g
凡尔赛麝香复方	3 g

典雅伊兰

伊兰	3g
白玉兰叶	7g

● 甜茴香

绿意藿香

真正薰衣草	4g
甜茴香	0.5g
伊兰	4g
恋恋广藿香（见 p.164 ）	1g

绅士薰衣草

佛手柑	1.5g
波旁天竺葵	1.2g
真正薰衣草	3g
绅士岩兰复方	3g
凡尔赛麝香复方	1.3g
丁香花苞	0.05g
甜茴香	0.02g
零陵香豆素	0.04g

● 中国官桂、锡兰肉桂

香辛木质

中国官桂	1g
快乐鼠尾草	4g
红檀雪松	4g
乙基麦芽酚	0.2g
乙基香草醛	0.5g

Tip：
含中国官桂与锡兰肉桂
的香氛配方，会稍微加
速皂化，引起变色。

可乐

甜橙	2g
柠檬	3g
肉豆蔻	1g
锡兰肉桂	1g
芫荽种子	0.5g
甜橙花	1g
蒸馏莱姆	1.3g
乙基香草醛	0.2g

辛香柑橘

锡兰肉桂	1g
甜橙	3g
莱姆复方	5.5g
乙基香草醛	0.05g
甜橙花	0.5g

● 热带罗勒、芳樟醇罗勒

莱姆罗勒

莱姆复方	3g
佛手柑	1.5g
芳樟醇罗勒	0.5g
苦橙叶	2g
绅士岩兰复方	2g
天使麝香复方	1g

草本中性

芳樟醇罗勒	0.1g
苦橙叶	0.8g
迷迭香	0.8g
岩兰草	0.4g
丁香花苞	0.05g
醒目薰衣草	0.2g
苯乙醇	0.2g
清茶复方	6.5g
甜橙	1g

苦橙罗勒

热带罗勒	0.2g
白松香	0.4g
佛手柑	2g
摩洛哥洋甘菊	0.5g
苦橙叶	6.9g

• 苦橙叶

橙绿木质

甜橙	1g
苦橙叶	2.5g
中国雪松	3g
快乐鼠尾草	1g
乙基麦芽酚	0.2g
鸢尾根复方	1.5g
天使麝香复方	1g

青柠苦橙

苦橙叶	3g
岩兰草	0.5g
莱姆复方	4.5g
甜橙花	2g

覆盖植物油气味的精油原料与香氛配方

可覆盖苦楝油气味的精油原料与香氛配方：

1. 零陵香豆素（请见 p.124）

2. 乙基麦芽酚（请见 p.114）

3. 广藿香变奏（请见 p.164）

可覆盖松焦油气味的精油原料：

1. 乙基麦芽酚（请见 p.114）

2. 乙基香草醛（请见 p.132）

可覆盖紫草浸泡油气味的精油原料与香氛配方：

1. 玫瑰系列（请见 p.163）

2. 苯乙醇（请见 p.156）

3. α－大马酮（请见 p.154）

4. 薰衣草之梦（请见 p.164）

精油原料入皂后气味评比

	精油原料	香气评分			页码
		表面气味	泡沫气味	肌肤气味	
1	白松香	8	8	8	42
2	鸢尾根复方	8	8	8	44
3	丁香花苞	8	8	8	84
4	锡兰肉桂	8	8	8	86
5	α – 大马酮	8	8	8	154
6	热带罗勒	8	8	7	80
7	中国官桂	8	8	7	88
8	茉莉原精	8	7.5	6	140
9	甜橙花	8	7.5	6	158
10	冰片	8	7	7	78
11	绿薄荷	8	6	6.5	76
12	橡树苔原精	7.5	6	6	110
13	大西洋雪松	7	7.5	5.5	104
14	红檀雪松	7	7	5	116
15	甜茴香	7	7	3.5	82
16	零陵香豆素	7	5	7	124
17	麦芽酚／乙基麦芽酚	7	4.5	6	114
18	中国雪松	7	4.5	4.5	126
19	岩兰草	6.5	5	5.5	118
20	香草醛／乙基香草醛	7	4.5	6	132
21	伊兰	6	6	3.5	142

精油原料	香气评分			页码
	表面气味	泡沫气味	肌肤气味	
22 苦橙叶	6	6	3.5	160
23 莱姆复方	6	6	3	60
24 清茶复方	6	5.5	5	146
25 凡尔赛麝香复方	6	5.5	5	148
26 岩玫瑰原精	6	5	6	112
27 香茅	6	5	3	58
28 蒸馏莱姆	5.5	6	1	54
29 广藿香	5.5	4.5	4.5	120
30 松脂	5	5	1	68
31 咖啡	5	4.5	2.5	122
32 苯乙醇	5	4	2	156
33 波旁天竺葵	4.5	5	2	152
34 绅士岩兰复方	4.5	4.5	6	108
35 白玉兰叶	4	6	3	144
36 玫瑰草 / 马丁香	4	5	2	150
37 苏合香	4	4	2.5	128
38 醒目薰衣草	4	4	2	94
39 胡椒薄荷	4	4	1.5	74
40 山鸡椒	4	4	1.5	56
41 茶树	4	3	1	98
42 澳洲尤加利	4	3	1	100
43 迷迭香	3.5	4	2	96
44 快乐鼠尾草	3.5	3	2	102
45 秘鲁香脂	3.5	2	2.5	138

精油原料	香气评分			页码
	表面气味	泡沫气味	肌肤气味	
46 乳香	3	3.5	1.5	72
47 丝柏	3	3.5	1.5	64
48 天使麝香复方	3	3	4.5	136
49 愈创木	3	3	2	106
50 真正薰衣草	3	3	2	92
51 干姜	3	2.5	1	91
52 佛手柑	3	2	2	48
53 安息香	3	1.5	2	130
54 鲜姜	2.5	2.5	1	90
55 弗吉尼亚雪松	2.5	2	2	116
56 花梨木	2.5	1	1	144
57 杜松浆果	2	2.5	1	66
58 桧木	2	2.5	1	70
59 甜橙	2	2	1	52
60 黄橘	2	2	1	–
61 保加利亚薰衣草	2	2	1	92
62 芳樟	2	1	1	144
63 冷杉	1.5	3	1	62
64 柠檬	1	2	1	46
65 葡萄柚	1	2	1	50
66 古巴香脂	1	1	1	112
67 古琼香脂	1	1	1	112

注：评分数值为 1～8，数值 8 代表香气最为浓郁，数值 1 代表香气最淡。

娜娜妈的香氛造型皂
和冷制短时透明皂

娜娜妈公开 10 款好用、好闻、好看的香氛皂配方，
让每个人都能做出皂体梦幻、香气迷人的经典手工皂。
特别收录 13 款人气冷制短时透明皂，
以油、碱、水就能制作出有如艺术品般的透亮的皂。

手工皂配方 DIY

固体皂三要素即油脂、水、氢氧化钠，这三个要素的添加比例都有其固定的计算方法，只要学会基本的计算方法，便可以调配出适合自己的完美配方。

油脂的计算方法

制作手工皂时，因为需要不同功效的油脂，添加的油脂种类众多，必须先估算成品皂的 INS 值（硬度），让 INS 值落在 120 ~ 170 之间，做出来的皂才会软硬适中，如果不在此范围，可能就需要重新调配各种油脂的用量。

各种油脂的皂化价和 INS 值

油脂	皂化价	INS	油脂	皂化价	INS
椰子油	0.19	258	芦荟油	0.139	97
棕榈仁油	0.156	227	蓖麻油	0.1286	95
可可脂	0.137	157	榛果油	0.1356	94
绵羊油	0.1383	156	开心果油	0.1328	92
白棕榈油	0.142	151	杏桃仁油	0.135	91
牛油	0.1405	147	棉籽油	0.1386	89
芒果脂	0.1371	146	芝麻油	0.133	81
棕榈油	0.141	145	羊毛油	0.063	77
猪油	0.138	139	米糠油	0.128	70
澳洲胡桃油	0.139	119	葡萄籽油	0.1265	66
乳木果油	0.128	116	大豆油	0.135	61
白油	0.136	115	小麦胚芽油	0.131	58
橄榄油	0.134	109	芥花油	0.1241	56
苦茶油	0.1362	108	月见草油	0.1357	30
山茶花油	0.1362	108	夏威夷果油	0.135	24
鳄梨油	0.1339	99	玫瑰果油	0.1378	19
甜杏仁油	0.136	97	荷荷巴油	0.069	11

> 成品皂 INS 值＝
> 〔（A 油重 × A 油脂的 INS 值）＋
> （B 油重 × B 油脂的 INS 值）＋……〕÷ 总油重

我们以"薰衣草之梦渐层皂"的配方（见 p.193）为例，配方中包含椰子油 60g、橄榄油 120g、棕榈油 120g、甜杏仁油 100g，总油重为 400g，其成皂的 INS 值计算如下：

（椰子油 60g×258 ＋橄榄油 120g×109 ＋棕榈油 120g×145 ＋甜杏仁油 100g×97）÷ 总油重＝ 55 660g÷400g＝ 139.15，四舍五入即为 139。

氢氧化钠的计算方法

估算完 INS 值之后，便可将配方中的每种油脂重量乘以皂化价后相加，计算出制作固体皂时的氢氧化钠用量，计算公式如下：

> 氢氧化钠用量＝
> （A 油重 × A 油脂的皂化价）＋
> （B 油重 × B 油脂的皂化价）＋……

我们以"薰衣草之梦渐层皂"的配方（见 p.193）为例，配方中包含椰子油 60g、橄榄油 120g、棕榈油 120g、甜杏仁油 100g，总油重为 400g，其氢氧化钠的配量计算如下：

（椰子油 60g×0.19）＋（橄榄油 120g×0.134）＋（棕榈油 120g×0.141）＋（甜杏仁油 100g×0.136）＝ 11.4g ＋ 16.08g ＋ 16.92g ＋ 13.6g ＝ 58g。

水的计算方法

算出氢氧化钠的用量之后，即可推算溶解氢氧化钠所需的水量，也就是以水量等于氢氧化钠的 2.4 倍来计算。以上述例子来看，58g 的氢氧化钠，溶碱时必须加入 58g×2.4 ≈ 139g 的水。

❶ 不锈钢锅

一定要选择不锈钢材质的锅，切忌使用铝锅。需要两个，分别用来溶碱和融油，若是新买的不锈钢锅，建议先以醋洗过，或是以面粉加水揉成面团，用面团带走锅里的黑油，避免打皂时融出黑色碎屑。

❷ 手套

碱液属于强碱，在打皂的过程中，需要特别小心地操作，戴上手套，避免碱液不小心溅出时，对皮肤造成伤害。

❸ 模具

各种形状的硅胶模或塑料模，可以让手工皂更有造型，若是没有模具，可以用洗净的牛奶盒来替代，需风干之后再使用，并特别注意不能选用里侧为铝箔材质的纸盒。

❹ 电子秤

最小称量单位 1g 即可，用来称量氢氧化钠、油脂和水。

❺ 刮刀

一般烘焙用的刮刀即可。可以将不锈钢锅里的皂液刮干净，减少浪费。在做分层入模时，可以协助缓冲皂液，让分层更容易成功。

❻ 量杯

用来放置氢氧化钠，必须全程保持干燥，不能有水。选择耐碱塑料或不锈钢材质皆可。

❼ 围裙

碱液属于强碱，在打皂的过程中，需要特别小心地操作，穿上围裙，避免碱液不小心溅出时，对衣服造成损害。

❽ 玻璃搅拌棒

用来搅拌碱液，需有一定长度，大约长 30cm、直径 1cm 者使用起来较为安全，操作时相对不容易让人不小心触碰到碱液。

❾ 线刀

线刀是很好的切皂工具，价格便宜，可以将皂切得又直又漂亮。

❿ 温度枪或普通温度计

用来测量油脂和碱液的温度，若是使用普通温度计，要注意不能将其当作搅拌棒使用，以免断裂。

⓫ 不锈钢打蛋器

用来打皂、混合油脂与碱液，一定要选择不锈钢材质，才不会融出黑色碎屑。

⓬ 菜刀

一般的菜刀即可，厚度越薄越好切皂。最好与做菜用的菜刀分开使用。

⓭ 口罩

氢氧化钠遇到水时，会产生白色烟雾以及刺鼻的味道，建议戴上口罩，防止吸入烟雾。

冷制皂基本做法
STEP BY STEP

A 准备

1 请在工作台上铺报纸或是塑料垫，避免损坏台面，同时方便清理。戴上手套、护目镜、口罩，穿上围裙。

   Tip 请先清理出足够的工作空间，以通风处为佳，或是在抽油烟机下操作。

B 融油

2 电子秤归零后，将配方中的软油和硬油分别称量好，并将硬油放入不锈钢锅中加温，等硬油熔解后再倒入软油，可以同时降温，并让不同油脂充分混合。（硬油熔解后就可关火，不要加热过头！）

C 称量

3 依照配方中的分量，称量氢氧化钠和冰块（或母乳、牛乳），水需先制成冰块再使用。量完后置于不锈钢锅中备用。

   Tip1 用量杯量氢氧化钠时，量杯需保持干燥，不可接触到水。

   Tip2 将要做皂的水制成冰块再使用，可降低制作时的温度。建议做皂前一星期先制冰，冰块较硬、融解速度慢，溶碱时升温也较慢。

D 溶碱

4 将氢氧化钠分 3 ~ 4 次倒入冰块或乳汁冰块中，并用搅拌棒不停搅拌、混合，速度不可以太慢，避免氢氧化钠粘在锅底，直到氢氧化钠完全溶于水中，看不到颗粒为止。

5 若不确定氢氧化钠是否完全溶解，可以使用筛子过滤。

Tip1 搅拌时请使用玻璃搅拌棒或是不锈钢长汤匙，切勿使用温度计搅拌，以免断裂，造成危险。

Tip2 若此时产生高温及白色烟雾，请小心，避免吸入烟雾。

E 混合

6 当碱液温度与油脂温度维持在 35℃之下，且温差在 10℃之内，便可将油脂倒入碱液中。

Tip 若是制作乳皂，建议将温度调至 35℃以下，成品皂颜色会较白皙、好看。

F 打皂

7　用不锈钢打蛋器混合搅拌皂液，顺时针或逆时针皆可，持续搅拌 25 ~ 30 分钟（视搅拌的力道及配方调整）。

> Tip1　刚开始皂化反应较慢，但搅拌时间越久皂液会越浓稠，15 分钟之后，可以歇息一下再继续。

> Tip2　如果搅拌次数不足，可能导致油脂跟碱液混合不均匀而出现分层的情形（碱液都往下沉到皂液底部）。

> Tip3　若是使用电动搅拌器，搅拌只需 3 ~ 5 分钟。不过使用电动搅拌器容易使皂液混入空气而产生气泡，入模后需轻敲模子来清除气泡。

8　不断搅拌后，皂液会渐渐像沙拉酱般浓稠，整个过程需 25 ~ 60 分钟（配方不同，搅拌时间也不定）。试着在皂液表面画"8"字，若可看见字体痕迹，代表浓稠度已达标准（trace）。

9　加入精油或其他添加物，再搅拌约 300 下，直至皂液均匀即可。

G 入模

10　将皂液入模，入模后可放置于保丽龙箱保温 1 天，冬天可以放置 3 天后再取出，避免温差太大而产生皂粉。

H 脱模

11 放置 3 ~ 7 天后即可脱模，若是皂体还粘在模子上，可以多放几天再脱模。

12 脱模后建议再置于阴凉处风干 3 天，等皂表面都呈现为光滑、不粘手的状态再切皂，才不会粘刀。

13 将手工皂置于阴凉通风处 4 ~ 6 周，待手工皂的碱度下降，完全皂化后才可使用。

Tip1　请勿放于室外晾皂，因室外湿度高，易造成酸败，也不可以曝晒于太阳下，否则容易变质。

Tip2　制作好的皂建议用保鲜膜单个包装，防止手工皂反复受潮而变质。

娜娜妈小叮咛

1. 因为碱液属于强碱，从开始操作到清洗工具，请全程穿戴围裙及手套，避免受伤。若不小心接触到碱液、皂液，请立即用大量清水冲洗。

2. 使用过后的打皂工具建议隔天再清洗，置放一天后，工具里的皂液会变得像肥皂般那样好冲洗。同时可观察一下，如果锅中的皂遇水后是浑浊的（像一般清洗剂一样），就表示成功了；但如果有油脂浮在水面，可能是搅拌过程中皂液不够均匀！

3. 打皂用的器具与烹饪用的器具，请分开使用。

4. 手工皂因为没有添加防腐剂，建议一年内使用完毕。

薄荷备长炭皂

以黑色皂液搭配蓝绿色的透明皂，做出这款好像有阳光透进来的感觉的皂。放入透明皂前，需将皂液打至 trace，这样透明皂条不易倾倒。

精油配方 1 中，以松脂（或是以带点热带柑橘香气的莱姆复方替代）搭配上胡椒薄荷，用意是加强沐后的肌肤气味表现，配方中的大西洋雪松可加可不加。

精油配方 2 中，鸢尾根复方很适合用来搭配胡椒薄荷，让它的香气变得好闻，而非让人一闻就想到百灵油之类的产品，加入一些绿薄荷可增加薄荷的气味丰富度。

材料

油脂（总油重400g）		精油配方1：夏日森林薄荷		鸢尾根复方	1g
椰子油	100g	松脂	5g	弗吉尼亚雪松	3g
棕榈油	100g	胡椒薄荷	2g		
鳄梨油	140g	大西洋雪松	3g	**添加物**	
甜杏仁油	60g			备长炭粉	7~10g
				透明皂	适量
碱液		**精油配方2：薄荷变奏1**			
氢氧化钠	60g	胡椒薄荷	4g	**INS 值**	
纯水冰块	144g	绿薄荷	2g	150	

做法

A
打皂

1　将透明皂切成长形的片状备用。

2　请见 p.178 "冷制皂基本做法"，进行至步骤8。

3　加入精油配方1或精油配方2，再搅拌约300下，直至均匀即可。

4　加入备长炭粉，搅拌均匀。

B
入模

5　将皂液倒入饮料纸盒中，大约七分满。

6　将透明皂轻轻放入皂液，再将剩余皂液倒入并盖住透明皂。

C
脱模

7　脱模方法请见 p.178 "冷制皂基本做法"的步骤11~13。

Tip　如果想要让透明皂保持透明度，切皂后用保鲜膜或真空袋包覆后再进行晾皂。

个性波点皂

让波点控爱不释手的一款皂，将剩下的白色皂边搓成圆柱形，加入皂液，做成皂中皂。

精油配方 1 中的"香辛木质"，带有节庆的辛辣与甜香气息，特别适合活泼的波点造型。不过此配方含有高剂量的中国官桂，容易使皂液变色，故建议添加在含备长炭的皂液中，才不会影响皂色。

精油配方 2 带有浓郁而柔和的香气，广藿香的果香与酒香在配方中被土耳其玫瑰与凡尔赛麝香复方完美地烘托出来。此精油配方含有广藿香与乙基香草醛，会导致成皂变色，故不宜添加在浅色皂款中。

材料

油脂

椰子油	80g
棕榈油	140g
甜杏仁油	80g
澳洲胡桃油	100g

碱液

氢氧化钠	60g
纯水冰块	144g

精油配方 1:
香辛木质

中国官桂	1g
快乐鼠尾草	4g
红檀雪松	4g
乙基麦芽酚	0.2g
乙基香草醛	0.5g

精油配方 2:
恋恋广藿香

广藿香	1.5g
秘鲁香脂	3g

凡尔赛麝香复方	2g
乙基麦芽酚	0.1g
乙基香草醛	0.2g
土耳其玫瑰	3.2g

添加物

备长炭粉	7 ~ 10g
白色皂条	适量

INS 值
152

做法

A
打皂

1　将皂条搓成圆柱状备用。

2　请见 p.178 " 冷制皂基本做法 "，进行至步骤 8。

3　加入精油配方 1 或精油配方 2，再搅拌约 300 下，直至均匀即可。

4　加入备长炭粉，搅拌均匀。

B
入模

5　将黑色皂液倒入饮料纸盒中，再将皂条随兴放入。

C
脱模

6　脱模方法请见 p.178 " 冷制皂基本做法 " 的步骤 11 ~ 13。

木纹自然舒缓洗发皂

质朴的木纹造型，让人仿佛漫步在山林间。精油配方 1 中的"桧木林之歌"，为替代桧木的纯精油配方。喜欢洗发皂有凉感的皂友，可以另外添加整体比例 1% ~ 2% 的胡椒薄荷精油，切忌比例太高，以免破坏整体和谐。

精油配方 2 的柑橘气味能舒缓一天的疲劳、放松紧绷的头皮，配方中的鸢尾根复方柔和了莱姆过于强烈的气味，也让大西洋雪松不至于抢了柑橘香气的风采。

材料

油脂（总油重 400g）	
椰子油	120g
棕榈油	100g
苦茶油	100g
杏桃仁油	80g

碱液	
氢氧化钠	61g
纯水冰块	146g

精油配方1：桧木林之歌	
岩兰草	1.5g
弗吉尼亚雪松	1.5g
鲜姜	0.1g
樟脑迷迭香	0.2g
摩洛哥洋甘菊	0.5g
山鸡椒	0.2g
大西洋雪松	2g
安息香	2.5g
松脂	1.5g

精油配方2：香橙森林	
柠檬	5g
蒸馏莱姆	1g
鸢尾根复方	1g
大西洋雪松	3g

添加物	
何首乌粉	15g
备长炭粉	0.5g

INS 值

159

做法

A
打皂

1　请见 p.178 "冷制皂基本做法"，进行至步骤 8。

2　加入精油配方 1 或精油配方 2，再搅拌约 300 下，直至均匀即可。

3 准备四个纸杯或其他容器，各倒入 100g 皂液，前三杯分别加入 1g、3g、5g 何首乌粉，最后一杯加入 7g 何首乌粉与 0.5g 备长炭粉，搅拌均匀，调和出四杯颜色由浅至深的皂液。

Tip 建议使用微量秤精准称量出添加的粉，可让皂液层次更加明显、好看。

4 将四杯调好色的皂液由浅至深随意倒入原色皂液（约 200g）中，再用竹签勾勒出线条。

B
入模

5 将皂液倒入模具中，在模具底部铺一层。

6 用竹签再度勾勒出皂液线条，再向模具中倒入皂液，反复进行步骤 5、6 的操作，直到皂液全部倒入皂模。

C
脱模

7 脱模方法请见 p.178"冷制皂基本做法"的步骤 11 ~ 13。

梦幻渲染皂

渲染皂丰富的色彩，如梦似幻，适合加入"薰衣草之梦"精油配方。舒爽的醒目薰衣草与层次丰富的鸢尾根复方，搭配上凡尔赛麝香复方，是一款适合夜晚、安抚情绪的香氛配方。

精油配方 2 的"橘绿古龙"是中性香水调香氛，色彩丰富的渲染皂，没有性别之分。配方中带有层次感的柑橘香氛，搭配上沉静的绅士岩兰复方，适合用来在喧闹的白日后平复心情、恢复活力。精油配方 3 是参考香氛概念轮中的真正薰衣草所建议的精油搭配，并参考其气味表现调和而成，是一款有宁静感，安抚、放松心情的复方香氛。

材料

油脂

椰子油	80g
橄榄油	80g
棕榈油	120g
榛果油	120g

碱液

氢氧化钠	59g
纯水冰块	142g

INS 值

145

添加物

粉色色粉	1 ~ 2g
绿色色粉	2g

**精油配方 1：
薰衣草之梦**

醒目薰衣草	6.5g
凡尔赛麝香复方	3g
鸢尾根复方	0.5g

**精油配方 2：
橘绿古龙**

柠檬	3g
甜橙	1.5g

苦橙叶	0.5g
甜橙花	0.5g
鸢尾根复方	0.5g
绅士岩兰复方	4g
天使麝香复方	0.5g

精油配方 3

十倍甜橙	4g
苦橙叶	1g
真正薰衣草	3g
甜橙花	2g
广藿香	0.5g
岩兰草	0.2g

做法

**A
打皂**

1　请见 p.178 " 冷制皂基本做法 "，进行至步骤 8。

2　加入精油配方 1 或精油配方 2，再搅拌约 300 下，直至均匀即可。

3　将原色皂液平均分成 5 份，每一份约 120g，其中 4 份分别加入色粉，调成粉色、桃色、浅绿色、绿色，搅拌均匀后，装入塑料袋并绑紧袋口（原色皂液不用装入袋中）。

B
入模

4   先将原色皂液全部倒入模具中。将有色皂液的袋角剪一个小洞，轻轻挤压袋身，分别将各个颜色的皂液斜淋在原色皂液上。

5   将四色皂液反复斜向交错入模，直到皂液全部入模。

Tip   入模时动作要快，以免皂液太稠。

快速入模法

如果觉得上述做法较为繁复，可试试直接将彩色皂液随兴加入原色皂液，再沿着模具边缘倒入。

C
脱模

6   脱模方法请见 p.178 "冷制皂基本做法" 的步骤 11 ～ 13。

薰衣草之梦渐层皂

要做出层次自然的渐层皂，重点在于将皂液反复调色、入模，制造的层数够多时，层与层之间的界线才会自然融合，做出漂亮的分层皂。这一款渐层皂就是用 30 多层皂液堆叠出来的呢！

深深浅浅的紫色，搭配上"薰衣草之梦"精油配方，柔软的麝香与鸢尾根，加上给人安抚印象的薰衣草香气，让香气与色彩得到绝佳的搭配。

薰衣草只适合女性与小朋友吗？适合男性的"绅士薰衣草"香水调香氛，以甜茴香与丁香花苞活泼的气味搭配复方精油，相辅相成。配方中的精油种类较多，建议拉长陈香时间（最少一个月），此款香氛气味持久、宜人，值得等待。精油配方 3 以微量的单体平衡整体气味，并让整体气味更和谐，加强入皂气味表现。

材料

油脂

椰子油	60g
橄榄油	120g
棕榈油	120g
甜杏仁油	100g

碱液

氢氧化钠	58g
纯水冰块	139g

添加物

紫色色粉 2g

INS 值

139

精油配方 1：薰衣草之梦

醒目薰衣草	6.5g
凡尔赛麝香复方	3g
鸢尾根复方	0.5g

精油配方 2：绅士薰衣草

佛手柑	1.5g
波旁天竺葵	1.2g
真正薰衣草	3g
绅士岩兰复方	3g
凡尔赛麝香复方	1.3g
丁香花苞	0.5g
甜茴香	0.2g
零陵香豆素	0.4g

精油配方 3

伊兰	4g
真正薰衣草	4g
苯乙醇	0.5g
甜茴香	0.1g
大西洋雪松	2g

做法

A
打皂

1   请见 p.178 "冷制皂基本做法"，进行至步骤 8。

2   加入精油配方 1 或精油配方 2，再搅拌约 300 下，直至均匀即可。

3   取出 150g 皂液并加入紫色色粉，搅拌均匀。

B
入模

4   将紫色皂液沿着模具边缘倒入（由左至右倒入一次即可）。

5   将一匙原色皂液加入剩余的紫色皂液中，搅拌均匀，用和步骤 4 相同的方法在模具中倒入一次。

6   重复步骤 4、5，将一匙原色皂液加入紫色皂液中并搅拌均匀，再沿着模具边缘同一处倒入皂液，直到将模具填满，就能形成美丽的渐层感。

C
脱模

7   脱模方法请见 p.178 "冷制皂基本做法"的步骤 11 ~ 13。

双色羽毛渲染皂

甘甜的绿茶香气余韵悠远，此香氛配方气味虽然不如乌龙茶的厚重、玫瑰红茶的甜美，但整体内敛而优雅，想体验沐浴时缓缓释放的茶香，洗涤白日的喧嚣疲惫，这款香氛再适合不过了。精油配方 2 的"柠檬马鞭草"，是以柠檬香茅搭配区块 M 的原料调配而成，清淡的柠檬香气带有些微的青草芳香，舒服自然又清新。

材料

油脂

橄榄油	80g
棕榈油	120g
棕榈仁油	100g
澳洲胡桃油	100g

碱液

氢氧化钠	57g
纯水冰块	137g

INS 值

152

添加物

蓝色色粉	1g
二氧化钛	2g
紫色色粉	1g

精油配方 1：经典绿茶

佛手柑	3.5g
鸢尾根复方	1g
清茶复方	4g
凡尔赛麝香复方	0.5g
绅士岩兰复方	0.5g

零陵香豆素	0.5g

示范配方 2：柠檬马鞭草

山鸡椒	4g
柠檬香茅	2g
甜橙	2g
玫瑰草	1g
甜橙花	0.3g
绿薄荷	0.1g
松脂	0.5g

做法

A 打皂

1　请见 p.178 " 冷制皂基本做法 "，进行至步骤 8。

2　加入精油配方，再搅拌约 300 下，直至均匀即可。

3　取出 100g 的皂液共 4 杯，分别加入二氧化钛、紫色色粉、蓝色色粉、蓝色色粉（少量），分别将 4 杯搅拌均匀。

B 入模

4　将白色皂液倒入模具中。

5　将深蓝色皂液倒在模具的正中央，呈长条状。再将紫色、淡蓝色皂液倒在同样的位置上。

Tip　将纸杯捏出尖嘴，让皂液更易倒出。

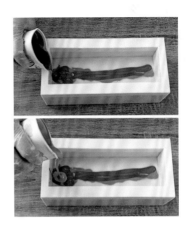

6　用竹签沿着模具的长边边缘，以弓字形勾勒出线条。

7　以同样方式再沿着模具短边边缘，以弓字形勾勒出线条。

8　最后一次再沿着模具长边边缘，以弓字形勾勒出线条，美丽细致的羽毛纹路就出现了。

C
脱模

9　脱模方法请见 p.178"冷制皂基本做法"的步骤 11 ~ 13。

天使羽翼渲染皂

美丽的羽毛花纹，仿佛骨瓷杯上精致的彩绘，搭配上浪漫的"玫瑰红茶"香气，一场私密的约会，就在香氛中缓缓随着洗浴时的蒸气拉开序幕。

精油配方 2 "轻舞橘绿"香氛，层次丰富的柑橘、鸢尾根与优雅的木质底调，带来轻盈的香气，就像是羽毛般在香气中缓缓地舒展开来。精油配方 3 中的快乐鼠尾草，在此配方中扮演衔接花香、木质、草本香气味的角色。

材料

油脂

棕榈油	140g
棕榈仁油	100g
杏桃仁油	160g

碱液

氢氧化钠	57g
纯水冰块	137g

INS 值

144

添加物

粉橘色粉	1g
二氧化钛	2g
金色色粉	1g

精油配方 1：玫瑰红茶

清茶复方	8g
α - 大马酮	0.1g
苯乙醇	0.6g
波旁天竺葵	0.3g
乙基麦芽酚	0.05g
零陵香豆素	0.1g
天使麝香复方	1g

精油配方 2：轻舞橘绿

柠檬	5g
甜橙	5g
鸢尾根复方	1g
凡尔赛麝香复方	1g
丁香	3 滴
绅士岩兰复方	5g

精油配方 3

樟脑迷迭香	4g
快乐鼠尾草	3g
甜橙花	1g
大西洋雪松	2g

做法

A
打皂

1 请见 p.178 "冷制皂基本做法"，进行至步骤 8。

2 加入精油配方 1 或精油配方 2，再搅拌约 300 下，直至均匀即可。

3 取出 100g 的皂液共 2 杯，分别加入二氧化钛与金色色粉，搅拌均匀。

4 将粉橘色粉加入剩下的原色皂液中，搅拌均匀。

B
入模

5 将粉橘色皂液倒入模具中。

6 将白色皂液倒在模具的正中央，呈长条状。再将金色皂液倒在白色皂液上。

Tip 将纸杯捏出尖嘴，让皂液更易倒出。

7 用竹签以 Z 字形勾勒出线条，再从一个角划至其对角，形成美丽的纹路。

C
脱模

8 脱模方法请见 p.178 "冷制皂基本做法"的步骤 11 ～ 13。

橘绿渐层沐浴皂

此款皂的双色渐层仿佛蔚蓝海岸线上缓降的落日的余晖，搭配上精油配方2的"橙绿木质"香气是再适合不过了，浓郁的柑橘与木质香气透出些微的烟熏气息，让整体香氛特色鲜明，活泼中不失沉稳。精油配方1的"典雅伊兰"，则是以持香悠长的白玉兰叶搭配上浓郁的伊兰。

材料

油脂	
椰子油	80g
橄榄油	80g
棕榈油	120g
山茶花油	80g
乳木果油	40g

碱液	
氢氧化钠	59g
纯水冰块	142g

精油配方1：典雅伊兰	
伊兰	3g
白玉兰叶	7g

精油配方2：橙绿木质	
甜橙	1g
苦橙叶	2.5g
中国雪松	3g
快乐鼠尾草	1g
乙基麦芽酚	0.2g
鸢尾根复方	1.5g
天使麝香复方	1g

添加物	
粉橘色粉	2g
粉绿色粉	2g

INS 值	
150	

做法

A
打皂

1　请见 p.178 "冷制皂基本做法"，进行至步骤 8。

2　加入精油配方，再搅拌约 300 下，直至均匀即可。

3　将皂液分出 2 杯，各 120g，分别加入粉橘色粉、粉绿色粉并搅拌均匀。原色皂液剩余 360g。

B
入模

4　先将粉橘色皂液沿着模具边缘倒入一次。

5　将一匙原色皂液加入粉橘皂液中，搅拌均匀，再沿着模具边缘倒入（由左至右倒入一次）。

6　重复步骤5的动作，直到粉橘皂液完全倒入模具中。

7　将粉绿皂液沿着模具边缘倒入（由左至右倒入一次）。

8　将一匙原色皂液加入粉绿皂液中，搅拌均匀，再沿着模具边缘倒入一次。

9　重复步骤8的动作，直到粉绿皂液全部倒入模具中，就会出现双色渐层。

C
脱模

10　脱模方法请见 p.178 "冷制皂基本做法" 的步骤 11 ~ 13。

森林意象沐浴皂

精油配方 1 的"莱姆罗勒",以罗勒、苦橙鲜明的气味,搭配上森林主题,再适合不过,但两者都是初学者觉得不好搭配的精油,不妨试试此款莱姆罗勒配方,沉稳中带点新芽、嫩枝的绿意气息。

调和香茅气味的最快方式,就是找与其气味强度差不多的原料,可试试精油配方 2 的"香茅变奏"。仅用甜茴香与香茅,会让整体气味闻起来太有食物感,所以加入一点鸢尾根复方让香气偏向香水调。如果不喜欢香茅气味可以舍弃,并以相应剂量添加山鸡椒。

材料

油脂

米糠油	40g
椰子油	80g
棕榈油	120g
榛果油	60g
澳洲胡桃油	100g

碱液

氢氧化钠	59g
纯水冰块	142g
	（2.4倍）

INS 值

146

添加物

蓝色色粉	1g
紫色色粉	1g
绿色色粉	1g
金色色粉	1g
备长炭粉	1g

精油配方 1：莱姆罗勒

莱姆复方	3g
佛手柑	1.5g
芳樟醇罗勒	0.5g
苦橙叶	2g
绅士岩兰复方	2g
天使麝香复方	1g

精油配方 2：香茅变奏

香茅	2g
山鸡椒	1g
柠檬	3g
甜茴香	1g
真正薰衣草	1.5g
鸢尾根复方	1.5g

精油配方 3

松脂	3g
茶树	1g
冷杉	4g
桧木林之歌	2g

做法

A 打皂

1　请见 p.178 "冷制皂基本做法"，进行至步骤 8。

2　加入精油配方，再搅拌约 300 下，直至均匀即可。

3　取出各 120g 的皂液共 5 杯，分别加入备长炭粉和紫色、蓝色、绿色、金色色粉，分别搅拌均匀。

| 4 | 分别将各色皂液倒入原色皂液中，形成一圈圈圆形。 |  |

B
入模

5	将皂液倒入圆形小模具中。	
6	重复步骤4、5，直到皂液全部入模。	
7	最后倒入一层透明皂液，增添造型变化（也可省略）。透明皂做法请见 p.216。	

C
脱模

| 8 | 脱模方法请见 p.178"冷制皂基本做法"的步骤 11～13。 |

皂友分享

一直很喜欢娜娜妈的挥洒自如，那种大师级的气概，弥漫在每一款皂里。举凡打皂、切皂等工序，都能让我在制作过程中得到心灵安定，有所寄托。

购买娜娜妈的几本手工皂书，都深获启迪，根据娜娜妈分享的经验，依样摸索、学习。后来我开始通过网络上起线上课程，进而鼓起勇气、怀着忐忑的心情，到工作室与娜娜妈面对面上课，而在此之前，我也累计打皂 30 锅以上了。

和娜娜妈一起学习，和同学一起打皂、切皂，相互扶持、相互鼓励的感觉真好，切皂时的喜悦、惊喜与成就，更是难以言喻，这些就是手工皂让人无法自拔的魅力吧！

皂友——黄暖媖

黑白大理石皂

精油配方 1 的"乌龙茶"香氛虽然材料较多，需要陈香的时间也较久（至少一个月），但喜欢台湾茶系列的皂友，一定要试试看，温暖的烟熏味儿透着微苦带甘的茶香，细细一品还有鸢尾根特殊的坚果与气息。

精油配方 2 的"可乐"香气不需要香精，用几款精油也能自己调制出。需注意此款配方含较高剂量的锡兰肉桂，除会导致微微加速皂化外，也会让成皂变色，故建议加入到深色皂液中。

材料

油脂

椰子油	80g
棕榈油	80g
乳木果油	40g
榛果油	100g
甜杏仁油	100g

碱液

氢氧化钠	59g
纯水冰块	142g

精油配方 1：乌龙茶

清茶复方	4g
快乐鼠尾草	3.5g
植物油：松焦油	1g
愈创木	1g
鸢尾根复方	0.5g
零陵香豆素	0.1g
乙基麦芽酚	0.05g
岩兰草	0.1g

精油配方 2：可乐

甜橙	2g
柠檬	3g
肉豆蔻	1g
锡兰肉桂	1g
芫荽种子	0.5g
甜橙花	1g
蒸馏莱姆	1.3g
乙基香草醛	0.2g

添加物

二氧化钛	3g
绿色色粉	3g
金色色粉	3g
备长炭粉	3g

INS 值

140

做法

A
打皂

1　请见 p.178 "冷制皂基本做法"，进行至步骤 8。

2　加入精油配方，再搅拌约 300 下，直至均匀即可。

3　取出各 100g 的皂液共 3 杯，分别加入二氧化钛（须先加入 3g 水调和）、绿色色粉、金色色粉，搅拌均匀。原色皂液里加入备长炭粉，搅拌均匀。

4 如图所示，将白色皂液、绿色皂液、金色皂液淋在黑色皂液上。

5 如图所示，用竹签勾勒出Z字形。

B 入模

6 将皂液倒入模具中，占据大约 2/3 的底面积。

7 再将皂液从另一边倒入，至与原有皂液等高。

8 将皂液全部倒入模具中。

C 脱模

9 脱模方法请见 p.178 " 冷制皂基本做法 " 的步骤 11 ~ 13。

冷制短时透明皂

文 / 娜娜妈

————

什么是冷制短时透明皂？它跟市面上常见的透明皂有何不同呢？

近年来皂圈涌起了一股透明皂浪潮，不过大多是制作氨基酸皂，皂液需加热至 90℃，这让我思考有没有利用冷制法就能做出透明皂的方法。

在 2015 年出版的《娜娜妈的天然皂研究室》一书中，收录了一款以椰子油、蓖麻油做成的透明皂，但当时我只觉得好玩，尚未开始大量研究，不过似乎可看作是三年后玩出更多透明皂花样的契机。

要怎么制作冷制短时透明皂呢？其实关键在于使用高比例的水，水量是氢氧化钠的 3.5 倍以上，才能使皂产生透明感，而且不能以母乳、牛乳、豆浆等取代水。以此方式制作而成的透明皂一旦接触空气就会雾化，但遇水后就又会恢复透明感，这是我将它命名为冷制短时透明皂的原因。

冷制短时透明皂的
成功关键

透明皂虽然配方很简单，但是失败率极高，很具挑战性。制作透明皂时要注意的细节很多，只要有一点点失误，就无法成形，以下是我打了50kg的透明皂所得到的心得与经验，整理出重点，希望能够帮助大家提高成功率。

POINT 1：打皂前的重点

❶ 建议先照着配方做，不要轻易更改配方。配方里通常有椰子油和蓖麻油，建议都不要改动，想更换时，可将榛果油换成杏桃仁油或精制鳄梨油。

❷ 建议选择已精制的油脂，透明度会高、更漂亮。

❸ 建议刚开始不要添加精油，以免影响成皂（精油有可能加速皂化，新手容易应变不及，或是导致成皂偏软、无法脱模，故本书示范的透明皂配方，皆未添加精油，以减少变因）。

▲ 双格模具，适合少量制作。

❹ 建议一开始练习时，先做素皂或是变化性低的皂款，相对能稳定操作。

❺ 想要做出透明感，一定要用耐碱色水，若用一般色粉，就无法呈现出透明感。

❻ 本书透明皂配方皆为400g，并使用双格模具盛皂，以避免因失败而造成浪费。

POINT 2：打皂中的重点

① 透明皂的成功关键在于搅拌均匀，打皂时一定要时时提醒自己。

② 油脂混合以后请均匀搅拌 1 分钟，再倒入碱液，充分搅拌均匀并打到 light trace，才能再进行调色。不加颜色、不做造型的纯透明皂，建议打到浓 trace，可增加成功率。

③ 油温和碱液的温度都要控制在 35℃以下，避免出现假皂化情况，让人误以为皂液已经够浓稠至可入模了，但入模后却无法成形。

④ 可使用电动搅拌器打皂 3 ~ 5 分钟，让皂化更为完整，但做变化皂时要小心过稠，从而来不及做变化。

⑤ 用电动搅拌器搅拌后，一定要再手动搅拌 300 下，搅打到每一个角落，锅边记得也要刮到，使皂液更为均匀。

▲ 手动、电动轮流搅拌，让锅中的每一个角落都被搅打到。

⑥ 配方里的蓖麻油比例高时，容易造成假皂化，要小心，不要被假皂化骗了，一定要搅拌均匀再入模！

POINT 3：打皂后的重点

① 皂液入模后一定要覆盖上保鲜膜，并放在保丽龙箱里保温（即使开了除湿机，随着水分散发，箱内还是会慢慢起雾），让皂化更充分。

② 至少两天后才能脱模，如果太快脱模，皂可能还没成形，导致失败。

③ 若要维持透明感，需包覆保鲜膜晾皂。皂包起来一样可以进行皂化反应，不用担心。

④ 透明皂水分高、容易变质，建议 3 个月内用完（不要一次制作太多，以免用不完）。

⑤ 使用真空袋包装时，取出皂后建议放置一星期再使用，洗感会更棒。

⑥ 真空袋包装的皂会偏软一点，使用时可以用起泡袋，用完自然沥干，尽可能保持皂体干燥。

冷制短时透明皂 Q & A

Q 不小心做失败的皂，该怎么补救呢？

A 可以做成洗手皂。打一锅 400g 的纯椰子油皂液，打到 light trace 以后，将无法成形的皂团加入并搅拌均匀再入模就可以了。

Q 怎么样判断透明皂失败了？

A 如果入模后出现油水分离、皂体不平整或是明显出水等情况，就代表为假皂化，太快入模导致失败。如果入模超过两天都无法成形，就代表打皂时搅拌不均匀，导致皂化不完整，成皂就会像泡在很多水里，无法脱模。

▲ 入模超过两天，仍无法成形。

▲ 入模两天以上，还是呈软烂状态，无法脱模。

▲ 皂液搅拌不均，成皂无法呈现出透明感。

▲ 皂体过于软烂，蕾丝垫的花纹无法印上去。

▲ 原为透明皂中皂，但透明皂体过于软烂，无法成形。

Q 短时透明皂皂液有泡泡时，可以用酒精喷吗？

A 冷制皂喷酒精的效果不大，所以制皂过程中尽可能避免产生气泡。

Q 如何判断皂液已搅拌均匀，可以往下操作？

A 搅拌至皂液完全没有色差且皂液表面无油光时，即可往下进行。

Q 如何提高短时透明皂的成功率？

A 搅拌均匀是关键，所以至少手动搅拌＋电动搅拌 20 分钟。

Q 做短时透明渐层皂时，一定要用要耐碱色水吗？

A 如果使用一般色粉或色水，透明感就会消失，想要呈现出有色彩的透明感，就要使用耐碱色水。

使用色粉，呈现出不透明的色块。

使用耐碱色水，呈现出有透明感的颜色。

Q 短时透明皂的配方和做法和一般皂差不多，为什么可以变成透明的呢？

A 加入 3.5 倍的水是其中一个关键。另一个关键在于配方中使用了椰子油与蓖麻油。

Q 制作短时透明皂时，除了椰子油与蓖麻油，还有其他推荐的油脂吗？

A 精制鳄梨油、精制山茶花油、精制榛果油、精制杏桃仁油，这些油做成百分之百的纯皂都很硬，是娜娜妈试做后觉得不会有问题的油，所以如果想替代或变换油脂时，建议尽量以这几款为主。

橄榄油的皂化速度较慢、成皂较软；米糠油皂化速度太快，会来不及操作，且成皂偏黄，所以这两款油不建议大家使用。

Q 如何判断皂液已经浓稠到可入模的程度呢？

A 透明皂的重点在于搅拌均匀，让皂液浓稠到画 8 字时可看见清楚、立体的痕迹，即代表可入模了。

冷制短时透明皂制作技巧

A
制冰

1　将纯水制成冰块备用。

Tip　水不能用牛乳或母乳等乳品取代，因乳类会让皂雾化，无法做出透明感。

B
融油

2　将所有油脂称量好并融合。秋冬气温较低时，椰子油会变成固体状，需先隔水加热后再进行混合。

C
溶碱

3　将冰块放入不锈钢锅中，再将氢氧化钠，分3～4次倒入（每次约间隔30秒），同时需快速搅拌，让氢氧化钠完全溶解。

为了呈现出清楚的画面，用烧杯示范，实际操作时请务必使用不锈钢锅。

Tip1　若不确定氢氧化钠是否完全溶解，可使用小滤网过滤。

Tip2　拌匀后需静置5～10分钟，让原本浑浊的液体变得有如水般的清澈，才能继续下一个步骤。

静置一段时间，浑浊的液体变得清澈。

4　用温度枪测量油脂与碱液的温度，二者皆在35℃以下，且温差在10℃之内，即可进行混合。若温差太大，容易假皂化。

5　将油脂沿着锅边缓缓倒入碱液中，切忌大力冲倒，避免产生气泡。

> Tip 如果倒入时不小心力道过大产生气泡，需静置 20 分钟使气泡消失再进行下一个步骤，以免影响成皂美观。

沿着锅边倒入，可避免产生气泡。　　大力冲倒会产生很多气泡。

6　以玻璃棒或硅胶刮刀搅拌 200 下，使上下分离的油、碱完全混合。

> Tip 这个手动搅拌的步骤很重要，因为下一个步骤我们要用电动搅拌器搅拌，速度较快、搅拌面积较大，有些地方可能无法搅拌到，所以先手动搅拌，是油、碱混合均匀的关键。

7　改以电动搅拌器搅拌。先将搅拌器的刀头斜着放入皂液（机身先不要安装），避免产生过多气泡。放入后轻轻上下震动，将刀头里的气泡敲出再装上机身，以手持方式略微搅拌，将多余气泡消除。

将刀头斜着放入，以避免产生过多气泡。

> Tip 将电动搅拌器放入皂液后，不要轻易取出又放入，因为每放入一次，就会产生气泡，需再重新消除气泡。

垂直放入刀头，会产生许多气泡。

| 8 | 将刀头前端贴在容器底部，再装上机身、启动电动搅拌器，反复进行 10 秒电动搅拌、10 秒手动搅拌的操作，持续搅拌 3 ~ 5 分钟，使皂液混合均匀，呈微微的浓稠状。 |  |

Tip 建议不要从头到尾都用电动搅拌器搅拌。电动加手动，能搅打得较均匀，记得锅壁的皂液也要刮到，皂液才不会产生色差。

| 9 | 在皂液表面画 8 字，痕迹不会消失即为 trace 的状态。 |  |

| **E**
入模 | 10 | 将皂液沿着模具边缘缓缓倒入，避免产生气泡。如果表面看得到一些气泡，可用竹签轻轻戳破，消除气泡。 |  |

F
脱模

11　用保鲜膜覆盖皂的表面，放入保丽龙箱里保温，两天后再脱模。

12　脱模后以线刀切皂，切成单块皂后立即用保鲜膜或真空包装袋将皂包覆起来，这样才能保持透明感，再将皂放入保丽龙箱里晾皂一个月以上。

Tip 切完皂后也可以不包覆保鲜膜晾皂，虽然整块皂会变得有些浑浊，但遇水时就会变得有透明感，也能带来另一种惊喜与乐趣。

缤纷透明洗发皂

透明皂魅力无穷，真的会让人越做越上瘾，每次试做时我脑海中就会跳出更多的可能性，迫不及待地想将想法——做出来。

透明皂的魅力在于简单就很美，加点变化也会让人惊艳。这款透明皂只加入了一点颜色，就呈现出糖果般的缤纷迷人色彩，让人每一块都好想洗洗看。用山茶花油做成的洗发皂洗感也很棒，大人小孩都会喜欢哟！

材料

油脂

椰子油	120g
蓖麻油	120g
杏桃仁油	80g
山茶花油	80g

碱液

氢氧化钠	60g
纯水冰块	210g

添加物

耐碱色水	三原色

INS 值

146

做法

A
打皂

1 请见 p.216 " 冷制短时透明皂
   制作技巧 "，进行至步骤 9。

2 在皂液中加入 3 滴耐碱色水，
   搅拌均匀。

   Tip 可依个人喜好调整颜色深
        浅，滴入 3 ~ 5 滴色水，
        调制出粉红色或红色皂液。

B
入模

3 将皂液沿着模具边缘缓缓倒
   入，避免产生气泡。如果皂
   液表面看得到一些气泡，可
   用竹签轻轻戳破，消除气泡。

C
脱模

4 脱模方式请见 p.216 " 冷制
   短时透明皂制作技巧 " 的步
   骤 11、12。

山茶金箔洗面皂

新手建议先从变化性少的皂款开始，才不会手忙脚乱导致失败。这款入门款的透明皂加入了保湿度高的榛果油与山茶花油，可以带来舒适的洗感。

市场上出现的闪亮亮的金箔面膜，让我萌生灵感，将金箔加入皂中，用最简单的方式，让成皂看起来更加贵气逼人！不过金箔小小一片就不便宜，使用时以竹签小心取出入皂，不要直接用手触碰，以免沾在手上。

材料

油脂

椰子油	100g
蓖麻油	120g
榛果油	100g
山茶花油	80g

碱液

| 氢氧化钠 | 59g |
| 纯水冰块 | 207g |

添加物

| 金箔 | 1 片 |

INS 值

138

做法

A
打皂

1 请见 p.216 " 冷制短时透明皂制作技巧 "，进行至步骤 9。

2 用竹签将金箔轻轻拨入皂液中，搅拌均匀。

Tip 金箔附着性强，建议不要用手接触，以免沾在手套上。

B
入模

3 将皂液沿着模具边缘缓缓倒入，避免产生气泡。如果皂液表面看得到一些气泡，可用竹签轻轻戳破，消除气泡。

C
脱模

4 脱模方式请见 p.216 " 冷制短时透明皂制作技巧 " 的步骤 11、12。

蜂蜜苦茶滋养洗发皂

大家看到这款皂应该会觉得有种冲突感吧，配方里有苦茶油又有蜂蜜，苦甜交织做出的手工皂，洗起来会是什么感觉呀？我与一些皂友试用后发现，这款皂不仅能带来绵密泡泡，还容易冲洗，且洗后头发不易打结，很适合想开始使用洗发皂的朋友。

此款皂的重点在于蜂蜜的添加量不能过多，否则会影响成皂。此配方是娜娜妈试做多次的结果。

材料

油脂

椰子油	140g
蓖麻油	140g
苦茶油	120g

碱液

氢氧化钠	61g
纯水冰块	214g

添加物

蜂蜜	4g
水	10g

INS 值

156

做法

A
打皂

1   将 4g 蜂蜜加入 10g 水中，搅拌均匀备用。

2   请见 p.216 "冷制短时透明皂制作技巧"，进行至步骤 9。

B
入模

3   将皂液沿着模具边缘缓缓倒入，避免产生气泡。如果皂液表面看得到一些气泡，可用竹签轻轻戳破，消除气泡。

C
脱模

4   脱模方式请见 p.216 "冷制短时透明皂制作技巧" 的步骤 11、12。

榛果波浪透明皂

这是一款人见人爱的透明皂，在透明与不透明的交织对比下，很多人初次看到都惊讶不已，原来冷制皂也可以做出这么透明的感觉。

可以依个人喜欢的颜色加入不同的色粉，制造出缤纷的线条。随着每一次都不同的手感，制作出独一无二的流线，切皂时总是充满惊喜，而且试过一种颜色就会不可自拔，想要尝试其他五颜六色的变化，将全部色系排列在一起，一定会缤纷夺目。

材料	油脂		碱液	
	椰子油	120g	氢氧化钠	60g
	蓖麻油	120g	纯水冰块	210g
	榛果油	120g		
	甜杏仁油	40g	INS 值	
			144	
	添加物			
	紫色色粉	2g		

做法

A
打皂

1　请见 p.216 "冷制短时透明皂制作技巧"，进行至步骤 9。

2　将皂液平均分成两杯，其中一杯加入紫色色粉并搅拌均匀。

Tip　粉材太少时，建议使用微量秤，以精准称量。

B
入模

3　先蘸取一点原色皂液涂抹在模具边缘，可使皂液倒入时流动更顺畅。

4　将紫色皂液沿着模具边缘倒入（由左至右倒入一次），反复倒入紫色与原色皂液，直到皂液全部倒入模具中。

5　拿模具上下轻敲桌面，将多余气泡震出。

C
脱模

6　脱模方法请见 p.216 "冷制短时透明皂制作技巧" 的步骤 11、12。

榛果杏桃透明蕾丝皂

这款透明皂利用蕾丝花纹与渐变的颜色，制造出梦幻感，是很多女生一看就会爱上的皂款。

调和好蓝色、绿色的皂液，刷在蕾丝垫片上即可，但要特别注意的是垫片周围的皂液一定要刮干净，才不会影响整体的美感。要做出好看的皂，很多时候在于细节，多一点巧思、多一点细致，就会让你的皂显得与众不同。

材料

油脂

椰子油	120g	
蓖麻油	120g	
榛果油	80g	
杏桃仁油	80g	

碱液

氢氧化钠	60g
纯水冰块	210g

添加物

绿色色粉	0.5g
蓝色色粉	0.5g

工具

蕾丝垫片

INS 值

143

做法

A 打皂	1	请见 p.216 "冷制短时透明皂制作技巧"，进行至步骤 9。

B 入模	2	取出 20g 皂液，分成两杯，分别加入蓝色色粉、绿色色粉，搅拌均匀。

3	将蕾丝垫片放在保鲜膜上，以刮刀分别取蓝色、绿色皂液，涂抹在垫片上。

4	将蕾丝垫片放在模具底部，再将皂液沿着模具边缘缓缓倒入，避免产生气泡。如果皂液表面看得到一些气泡，可用竹签轻轻戳破，消除气泡。

C 脱模	5	脱模方法请见 p.216 "冷制短时透明皂制作技巧" 的步骤 11、12。

蓝水晶分层皂

你以为只有用皂基才能制作出又透又亮的透明感？这款皂颠覆了许多人的想象，用一般常见的油脂与冷制方法制作，就能做出透亮清澈的皂款。

加入一点点蓝色耐碱色水，制作出有如蓝色海洋般纯净自然的颜色，不需太花俏复杂的装饰，也能让人感动不已。

材料

油脂

椰子油	140g
蓖麻油	140g
开心果油	120g

碱液

氢氧化钠	61g
纯水冰块	214g

添加物

蓝色耐碱色水	适量

INS 值

151

做法

A
打皂

1　请见 p.216 " 冷制短时透明皂制作技巧 "，进行至步骤 9。

　　Tip 这一款皂出现假皂化的情形特别明显，需确认皂液搅拌均匀，再进行调色与入模。

2　将皂液平均分成两杯，其中一杯滴入 3 滴蓝色耐碱色水，搅拌均匀。

　　Tip 可依个人喜好的颜色深浅，滴入 3 ~ 5 滴色水，调制出粉蓝色或蓝色皂液。

B
入模

3　将蓝色皂液沿着模具边缘全部倒入后，再稍微水平摇晃模具，使皂液平整。

4　以同样的方式，将原色皂液沿着模具边缘倒入即可。

C
脱模

5　脱模方法请见 p.216 " 冷制短时透明皂制作技巧 " 的步骤 11、12。

清透鳄梨透明皂

这一款美到令人惊艳的透明皂，其实是无意间试做的成果。随手加入的皂边，制作出视觉效果极佳的皂中皂，将原本朴素的透明皂变得有如艺术品般的高贵奢华，这种惊奇与乐趣，大既也是让人深陷皂海、不得自拔的原因之一吧！

以往做皂会建议大家选择未精制鳄梨油，以保留油脂本身的成分，但是制作透明皂会建议选用精制鳄梨油，经过脱色脱臭处理，才能使皂呈现出透明感。

材料

油脂

椰子油	120g
蓖麻油	120g
鳄梨油	120g
甜杏仁油	40g

碱液

氢氧化钠	60g
纯水冰块	210g

添加物

皂边	适量
金色色粉	适量

INS 值

145

做法

A
打皂

1　将皂边切成细薄片状；准备好金色色粉与小孔筛网。

2　请见 p.216 "冷制短时透明皂制作技巧"，进行至步骤 9。

B
入模

3　将皂液沿着模具边缘缓缓倒入至一半高度，动作需放轻，以避免产生气泡。

Tip　拿模具上下轻敲桌面，将气泡震出。

4　以小孔筛网撒上薄薄的一层金色色粉，再轻轻放上皂边。

5　将剩下的皂液沿着模具边缘缓缓倒入。如果皂液表面看得到一些气泡，可用竹签轻轻戳破，消除气泡。

C
脱模

6　脱模方法请见 p.216 "冷制短时透明皂制作技巧" 的步骤 11、12。

柠檬苏打海洋皂

平常在做透明皂时，总是小心翼翼地尽可能避免产生气泡，以免影响美观，不过唯独在做这款皂时，可以稍微刻意地留下一些小气泡，使成皂呈现出像苏打汽水般的气泡感。

舒服的淡蓝色，加上漂浮在透明皂中的小气泡，在夏天使用这皂块时应该会感到沁凉无比吧！

材料

油脂

椰子油	120g
蓖麻油	120g
红花油	40g
榛果油	120g

碱液

氢氧化钠	60g
纯水冰块	210g

添加物

蓝色耐碱色水	适量

INS 值

139

做法

A
打皂

1　请见 p.216 " 冷制短时透明皂制作技巧 "，进行至步骤 9。

B
入模

2　先蘸取一点原色皂液涂抹在模具边缘，可使皂液倒入时流动更顺畅。

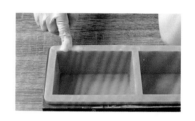

3　将皂液沿着模具边缘倒入（ 先由左至右，来回一次 ）。

4　在皂液中加入一滴蓝色色水并搅拌均匀，再将皂液沿着模具边缘倒入（ 先由左至右，来回一次 ）。

| 5 | 重复步骤 4 的动作，加入两滴色水，搅拌均匀入模；加入三滴色水，搅拌均匀入模；……，直到皂液全部倒入模具中。 |  |

C 脱模

6 脱模方法请见 p.216 " 冷制短时透明皂制作技巧 " 的步骤 11、12。

"冷制短时透明皂"试用分享

因为好奇，跟上流行风潮，制作了一批透明氨基酸皂，并让家人试用并分享心得。年届 80 的老母雀跃地拿着她的新欢皂（原本舍不得用，打算供起来膜拜的氨基酸金箔皂）进入浴室，30 分钟后出来，一脸失望地念叨着：" 可惜了这块氨基酸金箔皂，好看却不好洗，洗后身体还是滑滑的，不易冲干净 "，最后还是改用她的旧爱——冷制手工皂。而其他人使用氨基酸皂后觉得用来洗头发还不错，但洗脸就显得干涩。

后来无意间发现了娜娜妈研发的冷制短时透明皂，有着如同宝石般绚丽的色彩，但却又是以熟悉的冷制皂做法制成，让我忍不住也试用并将它与氨基酸金箔皂比较一番，真心觉得娜娜妈的冷制短时透明皂完胜，哈哈！是一块可以从头洗到脚的万用皂！

	冷制短时透明皂	透明氨基酸金箔皂
使用材料	天然油脂、氢氧化钠、纯水。	椰油酰谷氨酸钠、甘油、丙二醇、苯氧乙醇、三乙醇胺、香精、纯水等。
洗头	头皮清洁、发丝不干涩。	尚可。
洗脸	泡沫细柔、洗后不紧绷、毛孔不明显。	泡沫细但洗后有点紧绷、毛孔也较明显。
洗身	泡沫细柔、易冲洗，不会有残留感，洗后较保湿。	泡沫细、冲洗后皮肤会有滑滑的残留感。

流金岁月古龙皂

透明皂好玩的地方，就是它可以呈现出立体感的线条，从各个角度看都有不同的美感。这一款添加金色色粉的透明皂，华丽又贵气。

材料

油脂

椰子油	140g
蓖麻油	120g
山茶花油	140g

碱液

氢氧化钠	61g
纯水冰块	214g

添加物

金色色粉	3g

INS 值

157

做法

<table>
<tr><td>A
打皂</td><td>1</td><td colspan="2">请见 p.216 "冷制短时透明皂制作技巧"，进行至步骤 9。</td></tr>
<tr><td></td><td>2</td><td>取出 150g 皂液，加入金色色粉搅拌均匀。

Tip 粉材太少时，建议使用微量秤，以精准称量。</td><td></td></tr>
<tr><td>B
入模</td><td>3</td><td>将原色皂液全部倒入模具中，再拿模具上下轻敲桌面，将多余气泡排出。</td><td rowspan="3">
</td></tr>
<tr><td></td><td>4</td><td>倒入金色皂液，形成两长条，面积不平均也没关系。</td></tr>
<tr><td></td><td>5</td><td>用竹签沿着模具边缘画 10 圈，金色与原色皂液就会慢慢形成自然的流线形状。</td></tr>
<tr><td>C
脱模</td><td>6</td><td colspan="2">脱模方法请见 p.216 "冷制短时透明皂制作技巧"的步骤 11、12。</td></tr>
</table>

透明轻舞渲染皂

透明皂加上渲染技法，制作出这一款令人目眩神迷、充满华丽感的皂款。图案有着羽毛般轻盈感的渲染技法，用来制作透明皂是最适合不过的了。切皂时总是充满期待感。

◀ 不同的切皂方向，会带来不同花色的惊喜。

材料

油脂

椰子油	120g
蓖麻油	120g
杏桃仁油	80g
开心果油	80g

碱液

氢氧化钠	60g
纯水冰块	210g

添加物

二氧化钛	7g
金色色粉	2g
蓝色耐碱色水	3 ~ 5 滴

INS 值

143

做法

A
打皂

1　请见 p.216 "冷制短时透明皂制作技巧"，进行至步骤 9。

2　在二氧化钛中加入水（ 1：1 ），搅拌均匀至无颗粒。

3　将皂液平均分成 3 杯，分别加入 3 ~ 5 滴的蓝色色水、3g 金色色粉、步骤 2 中调和好的二氧化钛，搅拌均匀。

> Tip　粉材太少时，建议使用微量秤，以精准称量。

B
入模

4　将蓝色皂液沿着模具边缘全部倒入后，再稍微水平摇晃模具，使皂液平整。

5　将白色皂液倒在正中央，宽度略大（ 白色皂液不要全部倒完 ）。

6　将金色皂液全部倒在白色皂液上，使白色皂液往两边扩散。

7　将剩下的白色皂液倒在金色皂液上，形成两条直线。

8　用竹签勾勒线条。先以Z字形沿着模具边缘画出线条后，再从中间画一条贯穿Z字形线条的线收尾。

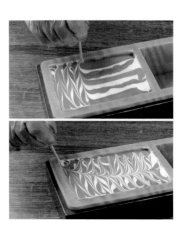

C
脱模

9　脱模方法请见p.216"冷制短时透明皂制作技巧"的步骤11、12。

挑战款①

紫醉金迷华丽皂

想要呈现华丽感时，金色与紫色绝对是很好的选择。将不同颜色的皂液分次倒入，制造出层层叠叠的立体感。

材料

油脂

椰子油	120g
蓖麻油	120g
杏桃仁油	160g

碱液

氢氧化钠	60g
纯水冰块	210g

添加物

紫色色粉	2g
金色色粉	2g

INS 值

142

做法

A
打皂

1　请见 p.216 " 冷制短时透明皂制作技巧 "，进行至步骤 9。

2　取出两杯各 50g 的皂液，分别加入紫色色粉、金色色粉，搅拌均匀后，再分别加入 100g 原色皂液，再次搅拌均匀。

Tip1　粉材太少时，建议使用微量秤，以精准称量。

Tip2　将原色皂液分两次加入进行调色，可让颜色更加均匀。

B
入模

3　将紫色皂液倒入模具中，呈小圆状。

4　将原色皂液倒在紫色圆上。

5　将金色皂液倒在同一位置上，稍微超出原本的圆也没关系。

6　重复步骤3～5，依序将紫色、原色、金色皂液倒入，直到皂液全部倒入模具中。

C
脱模

7　脱模方法请见 p.216 "冷制短时透明皂制作技巧" 的步骤 11、12。

芒果透明渐层皂

制作渐层透明皂的最大挑战来自于时间，因为需要通过反复加入色水、搅拌、入模的动作，制造出层次感，但是皂液是不等人的，一旦动作太慢使皂液变得太浓稠，就难以操作甚至导致失败。而在时间的压力下，还必须兼顾动作的轻盈，以免产生过多气泡。这是一款看起来简单，但实际操作起来可是一点都不容易的皂。

材料

油脂

椰子油	100g
蓖麻油	140g
榛果油	160g

碱液

氢氧化钠	59g
纯水冰块	207g

添加物

黄色耐碱色水	适量
红色耐碱色水	适量

INS 值

135

做法

A
打皂

1　请见 p.216 " 冷制短时透明皂制作技巧 "，进行至步骤 9。

B
入模

2　将皂液平均分成两杯备用，一杯制作黄色渐层皂、一杯制作红色渐层皂。

3　制作黄色渐层皂。在皂液中加入 2 滴黄色耐碱色水，搅拌均匀。

4　沿着模具边缘倒入皂液（ 由左至右倒入一次 ）。

　　Tip　先蘸取一点皂液涂抹在模具边缘，可使皂液倒入时流动更顺畅。

5　重复步骤 3、4 的动作，将皂液倒完为止。

　　Tip　每倒一次，在皂液中加入 2 滴色水，随着皂液越来越少，颜色越来越深，就会形成美丽的渐层。

6　制作红色渐层皂。在皂液中加入 2 滴红色耐碱色水，搅拌均匀，沿着模具边缘倒入（由左至右倒入一次）。

7　重复加入色水、倒入皂液的动作，将所有皂液倒完。

　　Tip　倒入的层数越多，制作出的渐层就会越细致！

C
脱模

8　脱模方法请见 p.216 " 冷制短时透明皂制作技巧 " 的步骤 11、12。

挑战款③

奇幻星球皂

这一颗颗布满神秘纹路的圆球，看起来是不是很像宇宙里的行星，星际太空迷的小朋友，应该会爱不释手吧！随意倒入不同颜色的皂液，勾勒出不同层次，创造出神秘感。

材料

油脂		添加物	
椰子油	140g	金色色粉	1g
蓖麻油	120g	绿色色粉	1g
澳洲胡桃油	60g	蓝色色粉	1g
鳄梨油	80g	备长炭粉	少许
碱液		INS 值	
氢氧化钠	61g	156	
纯水冰块	214g		

做法

A
打皂

1 请见 p.216 " 冷制短时透明皂制作技巧 "，进行至步骤 9。

B
入模

2 取出 4 杯各 35g 的皂液，分别加入蓝色色粉、绿色色粉、金色色粉、备长炭粉搅拌均匀。

Tip 粉材太少时，建议使用微量秤，以精准称量。

3　将原色皂液缓缓倒入圆球模
具中。

4　接着分别倒入各色皂液。将
纸杯捏出尖嘴，较易倒入。

C
脱模
　　5　脱模方法请见 p.216 " 冷制短时透明皂制作技巧 " 的步骤
11、12。

吐司模入模示范

① 取出 4 杯各 35g 的皂液，分
别加入蓝色色粉、绿色色粉、
金色色粉、备长炭粉，稍为
搅拌。再将各色皂液随意倒
入原色皂液。

② 轻轻摇晃杯身，或是用玻璃
棒稍微勾勒出纹路。

③ 将皂液倒入模具中即可。

作者简介

娜娜妈 资深手工皂达人

开始接触手工皂，只是单纯地想改善女儿的皮肤问题，又因为不想浪费母乳，而学习制作母乳皂，没想到就这么投身皂海十多年。不吝分享手工皂的制作方式，成为许多皂友的学习对象。

在手工皂的世界里默默耕耘，通过教学与出版，无私分享自己的经验与创意，吸引中国大陆与新加坡、马来西亚等地的学生专程前来学习，也成为许多媒体竞相采访的对象。

著有《做皂不NG！娜娜妈天然皂独门秘技》《娜娜妈的天然皂研究室》《一次学会5大技法！达人级手工皂 Guide Book》（合著）《娜娜妈教你做30款最想学的天然手工皂》《娜娜妈教你做超滋养天然修护手工皂》《自己做100%保养级乳香皂超简单》等书。

Aroma 专业调香师

"台湾香菁生技股份有限公司"调香师（Junior Perfumer）。

擅长以天然精油结合环保单体，打造独一无二的香氛。著有《香氛，时光》一书。

备案号：豫著许可备字-2019-A-0037

图书在版编目（CIP）数据

娜娜妈手工皂精油调香研究室 / 娜娜妈，Aroma著. —郑州：河南科学技术出版社，2021.1
ISBN 978-7-5725-0214-9

Ⅰ.①娜… Ⅱ.①娜… ②A… Ⅲ.①香皂—手工艺品—制作 ②香精油—调香 Ⅳ.①TS973.5 ②TQ654

中国版本图书馆CIP数据核字(2020)第238398号

出版发行：河南科学技术出版社
地址：郑州市郑东新区祥盛街27号　　邮编：450016
电话：（0371）65737028　　65788613
网址：www.hnstp.cn

策划编辑：刘　欣
责任编辑：刘淑文
责任校对：刘逸群
封面设计：张　伟
责任印制：张艳芳
印　　刷：北京盛通印刷股份有限公司
经　　销：全国新华书店
开　　本：720 mm×1 020 mm　　1/16　　印张：16　　字数：360千字
版　　次：2021年1月第1版　　2021年1月第1次印刷
定　　价：69.00元